The Basic of

MEAT

肉料理

[日]EI出版社编辑部 编著
周莉荀 译

華中科技大學出版社
http://www.hustp.com
中国 · 武汉

目录

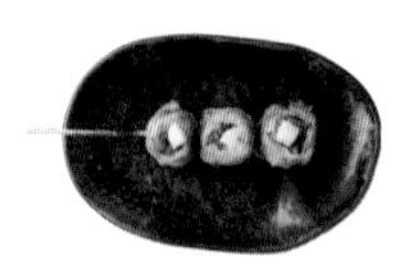

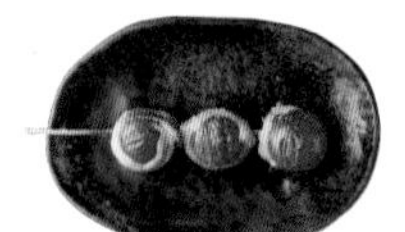

龍 門

肉料理既普通，又特别，且深奥

听到“肉料理”一词，
您便会情绪高涨。
牛肉、猪肉、鸡肉，
这些日常生活中并不起眼的常见肉食，
能够变成每天的小享受。
当您一口咬下肉时，
满口尽是被称为“终极的美味”，
您的心一定会被无以言表的、无上的喜悦填满。

深爱着肉食的人们，

对素材的挑选自不必说，前期的准备工作、刀功、火候、

甚至对所使用工具的选择，

都是为了获得那份喜悦所做的努力。

他们所坚持的理念和积累的知识都凝结在这本书中。

希望您也能够体会到那宛如越嚼越四溢而出的“肉汁”一般的深奥。

如今，精肉店的风格正在进化

精肉店与以往的肉店风格完全不同，备受瞩目。
店里店外的时尚氛围甚至让人将它误认为是高端购物商铺。
让我们走近这家处处体现着出众气氛和店主信念的新风格肉店吧。

店铺 01

东京·用贺

TOKYO COWBOY

以符合现代人喜好的店内装潢和服务来传达肉的魅力

现场进行切割的全新风格

只有上野这样体会过美国西海岸冲浪文化的人才能打造出如此悠闲而舒适的美好空间。

因为有着“将肉作为礼物”的想法，店家才会在包装上如此倾注心血。

若是客人要求，便会现场进行切割工作，这种方式被称为“Full order cut”。

何为能够传达和牛魅力的崭新服务方式？

“在陈列柜中并不会摆上写着诸如‘神户和牛’或者是‘松阪牛’这样的名牌。我们会根据客户的需求，从经过独特鉴定精选而出的和牛中挑选出符合要求的进行推荐。”老板上野望这样说道，“和牛是令日本骄傲的饮食文化之一，然而日本人却并没有注意到它的魅力所在。为了改变这一现状，我找到的方法就是建立这样一家装潢和服务符合现代人喜好的推荐式服务精肉店。人数、菜单、烹饪方法……通过听取客户需求，我们能够提供最适当的分量及最适合的肉。”这样的推荐式有着无形的力量。而这正是这家店的崭新之处。

店中可以预留大块肉

(1)顾客若买下大块肉，可以保存在管理体制周全的店中，随时可以取出所需分量的肉。这样的“预留肉”(MEAT KEEP)服务也备受好评。

(2)肉会和礼品签一起打包，还会附上标明部位的插图卡片。

(3)在巨大的格子中，被剔除了脂肪和筋腱的大块肉被以部位分类，安静地陈列在展示柜之中。

(4)作为精肉店，本店还准备了令人舒适的等候空间。

DATA

TOKYO COWBOY

地址 / 东京都世田谷区上用贺1-10-16

☎ 03-6805-6933

营业时间 / 10:00—18:00

休息时间 / 周三

http://www.tokyocowboy.jp/

饮食手帐 — 肉料理

从业60年的加藤寿昭。多年来他喜欢用的那把剔筋刀已经磨损到原来的四分之一左右，这正是他苦练的证明。

店铺 02

神奈川县·镰仓

萩原精肉店

以现代化的装潢构筑新潮的精肉店

让人提高对食物的兴趣
就是萩原精肉店的信条

这家创业70余年的老字号精选肉店进行过大胆的翻新，变得时髦又雅致。外观和之前完全不同，氛围又十分沉稳。一眼看去，时髦的装潢让人甚至不敢相信这是一家精肉店，它完美地融入了镰仓的街道中。这也令它吸引了众多嗅觉敏锐的客户。

“我们店有着严格筛选出的和牛、黑猪肉、鸡肉，除此之外，还有很多其他的商品，例如里脊火腿、烤乳猪、维也纳香肠等加工肉食。这些肉食全部都是自家工厂手工生产的，请各位放心食用。在这个极其关注肉食的时代，商店的售卖方式、商品的质量显得尤为重要。”

(1)精肉店制作的叉烧肉，分为由里脊肉、肩里脊肉、大腿肉制成的三个种类。每天清晨，专业人士会将它们吊起烧制，成品则直运工厂。

(2)在店铺里有用来储存肉的冷鲜柜。

(3)精选肉会被放进印刷有品牌原创标识的纸袋中。

(4)萩原精肉店的代表齐藤菜穗子女士。她也是将这老牌精肉店焕然一新的大功臣。

DATA

萩原精肉店

地址/神奈川县镰仓市小町1-4-29

☎0467-22-1939

营业时间/9:30—18:00

休息时间/周日、法定节假日

(5)时髦的装潢令人难以想象这居然是一家老牌精肉店。这可谓是审美品位和技术的结晶。

(6)本店制作里脊火腿的实力曾得到火腿发源地德国专家的认可。

(7)原创的保鲜包装。

美味牛排的制作方法

口中满满都是扩散开来的肉汁。绝妙的咸度和火候。
只要掌握了烤制方法，在家中也能够品尝到
无论是谁都会想要尝试一次的超厚牛排。

摄影：新城孝

我们的老师

资料

老板兼主厨
大岛 学 先生

日本桥·西洋料理“岛”的老板兼主厨。他在法国、德国、英国进修8年后，又在东京都有名的旅馆实习数年，最终于1992年自立门户。

适合做牛排的肉，真正美味的肉

在东京日本桥开设饭店并担任主厨的大岛先生如此说道："虽然我们是专一做和牛的店，但是并非只拘泥于名牌牛肉。A4和A3的牛肉就已经足够美味了，而肉因为脂肪的状况不同，也可能变得太过油腻，所以我们要根据想做的菜来挑选合适的肉。"

DATA

西洋料理 岛

地址 / 东京都中央区日本桥3-5-12
日本桥MM大楼 地下一层
☎ 03-3271-7889
营业时间 / 12:00—13:00
18:00—21:00
休息时间 / 周日

Selection of beef

肉的选择

说到牛排肉，您知道吗？从一头牛身上能获得的牛肉也是按部位划分的。其中经常用来做牛排的肉是位于背部和臀部中间的沙朗牛排。

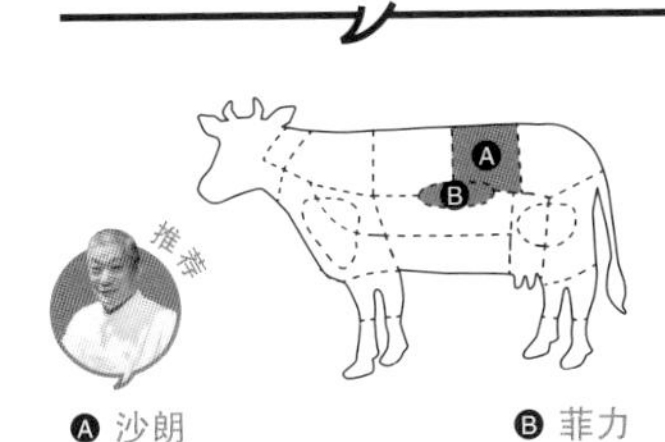

A 沙朗

沙朗牛排被称作"牛肉中的国王"，是从接近腰部的地方取得的里脊肉。其繁复的霜降花纹堪称艺术品。

B 菲力

菲力牛排被叫作"牛肉中的女王"，和沙朗并称为"肉中双王"。它适度的脂肪看起来非常漂亮。一头牛的肉中大约只有3%是菲力牛排。

这就是"岛"餐厅的做法

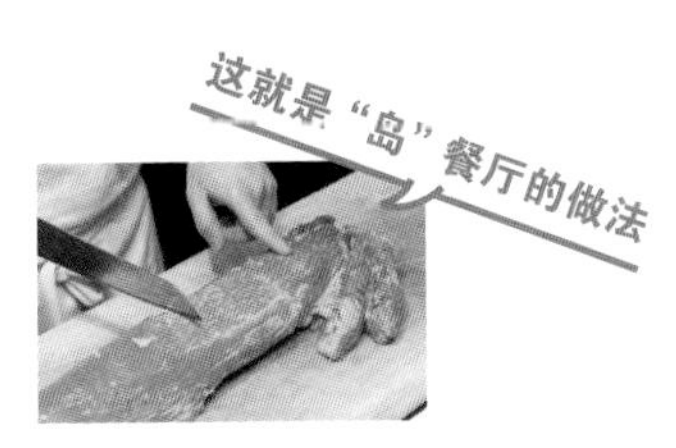

菲力中的夏多布里昂牛排

在一头牛的肉中仅有3%是菲力牛排。而其中品质最为上乘的被称作"夏多布里昂牛排"。它的霜降恰到好处，看上去便让人感到高雅尊贵。这种夏多布里昂牛排是"岛"餐厅制作牛排所必不可少的食材。

前泽牛

岩手县奥州市前泽区饲养的黑毛日本种和牛。如果没有被饲养者培育一年以上的话，就不会被认定为前泽牛。

米泽牛

日本三大和牛之一的米泽牛。这种黑毛和牛被饲养在山形县米泽市的三市五町中。

仙台牛

在宫城县茁壮成长的牛种。其肉若是无法取得最高肉质等级"A5"的评定，就不被允许冠上仙台牛的名字。

但马牛

兵库县产黑毛日本种和牛。通过对血统、品质、物流管理的严格把控来保证其肉质的优良。

松阪牛

作为高级名牌牛，被人们熟知，最为有名的就是美丽的霜降，它让松阪牛甚至可以被称作艺术品。

尾崎牛

由宫崎县尾崎畜产培育的尾崎牛。以培育者的名字命名品种，这在业界还是头一回。

Preparation

事前准备

难得有着如此的好肉，一定要好好地品尝它自身的美味。那么事前准备就显得非常重要了。重点是肉的温度和水分。要注意不可以从冷藏室中拿出来就直接上锅，要让肉的温度升至常温之后再料理。其次是要注意在煎炸入锅时才能撒盐，这样可以防止肉中水分的流失。

将肉从冷藏室中取出，放置至常温，需要30分钟～1小时。这是为了让热传导更加有效率，成品也会更好看。

在快要烹饪前再撒盐。如果盐撒得太早会导致盐分渗进肉中，使肉中的水分流失。

同理，胡椒也在快要烹饪前再撒上。这样可以最大程度地保留肉本身的滋味。

使肉入味的同时，将铁板或铁锅烧热，减少时间差。

这就是“岛”餐厅的做法

使用牛肉中最为稀少的菲力牛肉烤制牛排，这就是“岛”餐厅的做法。据说带有脂肪、也就是有着美丽纹路的高级和牛在最近数年内数量急剧减少。

在菲力牛排中藏有更加稀有的部位——夏多布里昂牛排。
夏多布里昂牛排对于“岛”餐厅来说是制作牛排必不可少的食材。

Garnish

装盘

配合牛排的小菜有胡萝卜、芸豆和洋葱。让我们把蔬菜们分别进行热处理，然后摆放在牛排周围，就得到了可以称得上是西式餐厅代表性的一道美味。蔬菜们也有各自的功效，有的能促进消化，有的能够调节肠道环境等。这样也能够让用餐者更加高效地吸收营养。

肉菜中蔬菜也不可或缺

这样点缀了新鲜蔬菜的美味足以成为西餐厅的招牌菜品。成品漂亮的颜色搭配不仅能够让人赏心悦目，更是有着厨师们对于营养均衡的考量。

Sauce

调味

在“岛”餐厅里，您能够直接享用仅用盐和胡椒调味的牛排，蘸着芥末酱油食用也别有一番风味。虽然牛排是外国的料理，但是用刚刚磨好的芥末配上日本人深爱已久的酱油食用，也堪称一绝。酱油吃法不仅口感清爽可口，更让人有种安心和怀念的感觉。

芥末酱油

刚刚磨好的芥末酱油清新的香味相当美妙。浓郁的肉汁与芥末酱油的搭配带来的美味令日本人欲罢不能，或许是因为让人想起了家的味道而产生了亲近感吧。

大岛先生认为，无论肉质的高低，只要用餐者本人觉得吃得满足，那就足够了。他应该也经常依赖自己的经验和直觉做出决定吧。

不拘泥于形式，只要吃得满足就好

大岛先生所做的料理并不只限于牛排，除了菜品，为他而来的粉丝也不在少数。有趣的是，外国来的顾客也很多。大岛先生认为，不拘泥于形式，只要是真正让人觉得好吃的食物，什么菜式分类都无所谓。这种自由的想法正是大岛先生的魅力所在，也正因为这样他才能想出用符合日本人喜好的芥末酱油来搭配牛排的创意。

“毕竟用餐的不是我，而是各位顾客。而我的工作是为顾客们提供令他们感到美味的餐品。虽然也有人批判说我用芥末酱油搭配牛排的做法离经叛道，但是只要客人吃得满意就好了。而且实际上，芥末酱油和牛排搭配也相当和谐美味，因为这符合日本人的味觉。”

Grill

煎烤

能否充分发挥好肉的美味就要看厨师“煎炸”的本领。“煎炸”能引出牛排的精髓美味，在整个料理过程中也是最为重要的一道工序。虽然每个人的口味多少有所不同，不过主流的熟度是三分熟（Rare）、五分熟（Medium rare）和全熟（Well done）这三种。在“岛”餐厅中，人们是用炭火来烤肉的。不过考虑到大家想要在家中制作牛排的愿望，厨师特意教给了我们烤制牛排的个中诀窍。

❶牛油或者是色拉油

在自家的平底锅中倒上一层牛油或者是色拉油，待到油充分热起来后就可以放入牛排肉了。

❷小火

把牛排肉放入锅中，将火候控制在中火或是小火。先仔细煎炸牛排的一面，此时要注意观察肉颜色的变化和油脂融化的状态。

▼

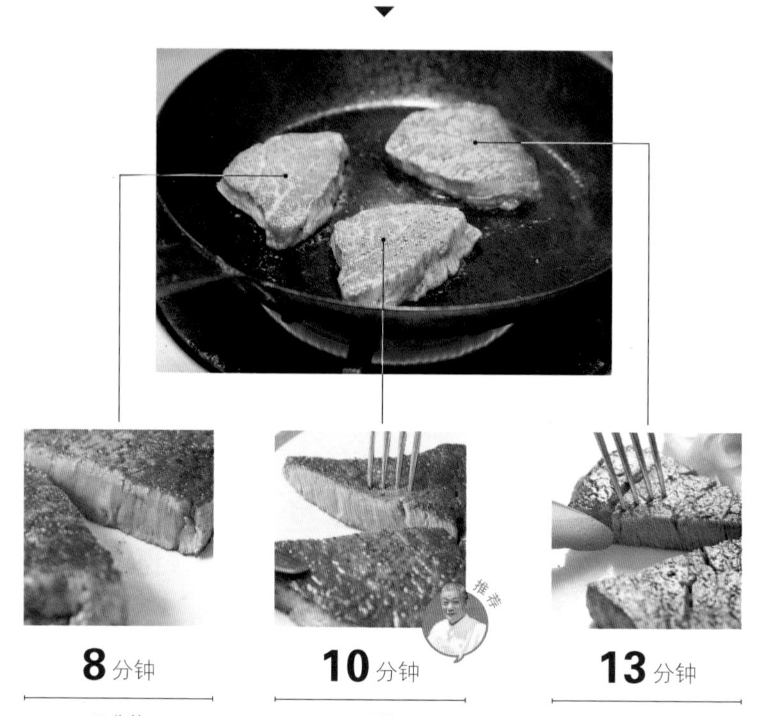

8 分钟

三分熟

肉的中部还是呈现出鲜嫩的红色，但是表面已经有了煎炸留下的烤痕，让人能够感受到它的热量。

10 分钟

五分熟

把肉切开能够发现，肉的中部还略带有一些红色，外部被充分烤熟的肉则是呈棕色，二者形成鲜明的对比。这是牛排肉最美味的熟度。

13 分钟

全熟

因为肉已经充分煎熟了，于是被叫作“Well done”。肉中已经没有红色的部分，是从内而外都被烤熟了的状态。

让我们来看看三种熟度的横切面对比图吧！

指肉还半生的状态。虽然火还没有将它完全烤熟，但是正是这样温度略低却又带有一些热度的状态最为理想。肉呈红色的部分可能还有一些冷，毕竟没有熟透。如果您将火力调小，耐心烤制，就能做出漂亮的三分熟牛排。

主厨鼎力推荐的这种“五分熟”是介于三分熟和全熟之间的熟度。这是牛排中最受欢迎的熟度，非常有名。它指代的是还略带一点红色的牛排的状态。

可以看到肉从里到外都已经熟透了。没有红色，就是我们所说的“已经充分煎熟了”。虽然说越是高级的肉越应该煎成三分熟来品尝，但是小火慢慢煎成的全熟肉也可以体现出食材的柔软和美味。

这就是“岛”餐厅的做法

专用的烤炉内部，被烧至高温的炭火正发出红色的光芒。这个烤炉是特别定做的，能够调整火候。这就是能做出美味食物的秘诀。

“岛”餐厅的牛排是用专用的铁钎穿刺后放在炭火上仔细煎烤而成的。若是您想吃到全熟肉，可能要花上30分钟才能完成。当肉中烤出的肉汁落在炭火上，会蒸腾而出一股浓烟，这道烟能让肉多几分炭火的香味。“岛”餐厅想要呈现的肉不仅味道鲜美，香气也令人享受。

“岛”餐厅制作牛排时不可或缺的两样东西

专用烤炉

在这里厨师不是使用传统的烤炉，而是用炭火来煎烤牛排。

备长炭

京都产的优质备长炭（译者注：木炭的一种），与和牛一样都很稀有。

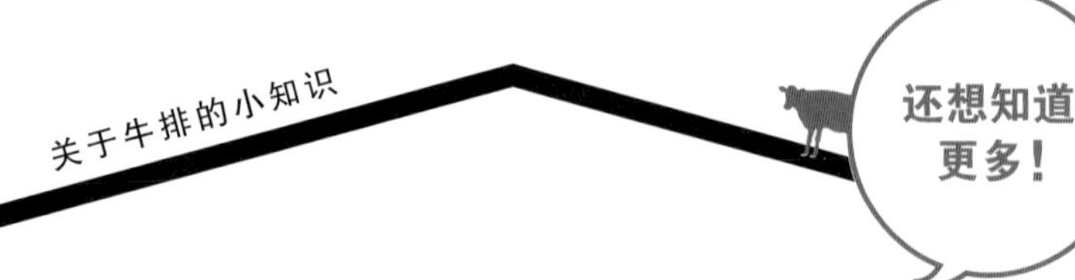

牛排小知识

让我们再介绍一下有关牛排肉的品质、
牛身上最合适的部位等知识

“A5”就是好肉吗？

“A5”是用来表示牛的质量的数值。决定肉是否能够打上“A5”的标签同时被称为最高级肉，关键人物并不是厨师，而是专业的评定人士。

日本产的牛肉都叫作和牛吗？

无论什么品种，只要在日本饲养三个月以上的牛都叫作日产牛。而与其相对的，只有黑毛日本种等种类的牛才可能称为和牛，并且还有着诸多限制条件，比如必须是在日本出生和饲养的等。

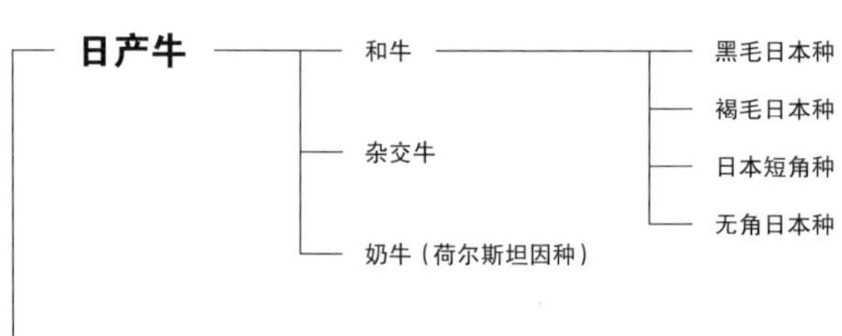

小知识

3

有多少种熟度？

牛排肉的熟度根据烧烤的不同阶段而详细区分开来的绝妙叫法，例如三分熟、五分熟、全熟等。

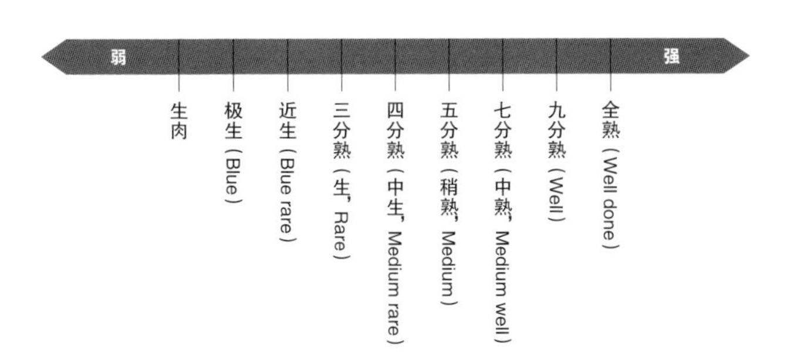

餐刀也很重要

在“岛”餐厅使用的是“贝印”餐刀。这种优质刀具又快又亮，在切肉时能够看到肉美丽的切面。另一个值得一提的优点是，它还能够让人毫不费力地切割肉食。

用烤箱也能烤牛排吗？

您也可以用普通的家用烤箱做牛排。但是很遗憾的是，自家烤的肉在熟度、火候等方面还是很难接近理想的“煎烤”成果。

享受高级的牛肉料理

柔软的烤牛肉能完美保留肉的美味。
烤牛排则是分量十足让人无比满足。这两种做法正可谓是牛肉料理中的经典。
切开大块的鲜嫩牛肉，能看到切断面不断地渗出肉汁，实在是让人垂涎欲滴。

牛肉料理

01

入口即化般的肉为您带来无上的美味

烤牛肉

在切开烤牛肉的瞬间，牛肉那特有的艳丽红色就让人不由变得心情愉悦。这道菜非常适合您在举办派对或聚会时端上餐桌。

西餐厨师长

大谷 勇 先生

若您想要饱餐一顿烤牛肉，那么就请预约这家全天营业的"CAFFÈ"吧。钻研烤牛肉长达25年之久的大谷勇先生不仅能够做出如此珍馐，还能保证味道长年如一。如果您在周末光临享受自助餐，还能欣赏到好评如潮的现场表演。厨师长本人会亲自在客人们面前表演刀功，再为客人呈上装好盘的烤牛肉。

DATA

东京凯悦酒店 东京CAFFÈ

地址／东京都新宿区西新宿2-7-2

☎03-3348-1234（转）

营业时间／6:00—24:00

特别公开专业大师亲传的最强菜谱

如何做出
专业级别的烤牛肉

虽然烤牛肉的原理并不复杂，
但是想要让您的成品达到理想的“餐厅中吃到的玫瑰色的牛肉”，
还需要注意以下几点。

从回复常温开始

牛排里脊有着适度的脂肪和鲜味的红肉，是最合适烤牛肉的材料。为了让热量均匀地传导，一定要将肉放置至常温。这是肉料理基础中的基础。

常温是成功的关键

步骤1 捆绑

被切成块的肉一旦被烤熟就难以保持形状，我们建议用风筝线捆绑，这样可以保留它独特的形状。这是一个能令成品外观看起来更加令人垂涎的小技巧。

步骤2 腌制一晚

在肉的表面撒满盐和胡椒，再涂上橄榄油，将其放置一晚，事先调味就完成了。肉中的氨基酸会让鲜味更浓。

步骤
3 烤制2次

烤牛肉时烤制2次是最好的。为了不让肉汁流失，您可以在加热前先将肉的表面过一次火，这样在完成时，肉也会变得更加香气扑鼻。

步骤
4 58℃/5小时

将肉放入真空包装中，将电蒸炉中心温度保持在58℃，蒸烤5小时。如果您想在自家烹饪，可以将食物放入容器，然后以75℃的温度连同容器一同加热。这种方法也能实现58℃的中心温度。

步骤
5 切成7毫米

烤牛肉能让人感到美味的重要原因之一就是其绝妙的厚度带来的入口即化的感觉。大谷先生认为最棒的厚度是7毫米，若是肉太薄不能令客人感到满足，但若是切得太厚又会让成品的口感下降。

步骤
6 完成撒盐

您可以撒上一些岩盐来增添肉的咸味。这样还能让肉的鲜味凝缩。只要掌握了诀窍，您也能成为烤牛肉的匠人。

完成了！

烤牛肉能让人充分品味到牛肉的鲜美。当肉烤制完成，洒上一点特制酱汁，再加上些许装饰，一盘美味珍馐就大功告成了。

为了

烤牛肉而准备的

三样工具！

大厨告诉我们，若是想要做出极品的烤牛肉，需要以下工具。
这是拥有登峰造极的烤牛肉技术的人才能悟出的道理，就让我们好好学习一番吧。

辣根

[Horseradish]

爽口的辣味
是肉的绝配

“若是想要烤牛肉尝起来更加正宗，那么酱料的味道也非常重要。酱料的关键在于辣根。加入爽口辣味的烤牛肉能让人吃得酣畅淋漓。”

肉叉

[Meat Fork]

可以将肉牢牢
固定住的叉子

“现在很多人都使用吃肉专用的餐叉，它的确是吃大块肉时必要的工具。如果您想将肉切成薄片，可以用它来将肉固定。若是您徒手按着肉块切片，目睹这一幕的客人恐怕要食欲大减了。”

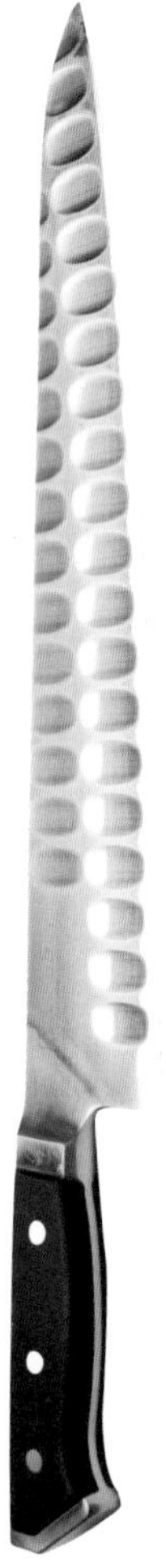

刀子

[Knife]

最为推荐的是
凹凸刃型的刀

“对烤牛肉来说，切片的薄厚和口感可是关键。如果想要顺利地切出漂亮的肉切面，推荐您使用刀身较长的牛刀。如果您使用的是凹凸刃型的牛刀，肉片不容易粘在刀上，用起来一定会非常顺手。”

应用篇

有名的酱料&改良食谱

若是想要完成极品的烤牛肉，您在酱料上也得下功夫。
在这里，就让我们为您介绍一个秘方吧！

烤牛肉酱

酱料将会极大影响烤牛肉的味道。每个酒店都会有各自的原创秘方酱料。而凯悦酒店东京CAFFÈ的烤牛肉配酱吸引了无数追寻美食之人，在这里，我们就来向大家公开一下他们的配方吧。

材料（2人餐）

小牛肉汤精（Fond de Veau）…1000毫升
盐…5克
黑胡椒…0.7克
辣根酱…40克
生奶油…20克
黄油…25克

做法

我们将小牛肉汤精作为汤底。

本来汤底应该是使用牛骨、筋腱、蔬菜等材料熬煮而成的，不过若是您在家中难以熬制汤底，也可以使用市场上贩卖的小牛肉汤精。

将小牛肉汤精放入锅中，再加入其他材料。建议的放入顺序依次为：盐、黑胡椒、辣根酱、生奶油、黄油。待至煮沸即完成。

改良菜谱

烤牛肉寿司卷

材料（2人餐）

烤牛肉手握寿司
白米饭…200克
芥末…少许
〈酱汁〉
※将下列材料煮沸即可
Ⓐ 酱油…80克
酒…60克
甜料酒…60克
砂糖…20克
芝麻…少许
辣椒粉…少许
葱（切碎）…少许

烤牛肉寿司卷
烤牛肉…3～4片
寿司醋饭…200克
散叶莴苣…2～3片
黄瓜…半根
红辣椒…¼根
玉子烧（日式鸡蛋卷）…2个鸡蛋量
绿花椰菜…适量

做法

这便是厨师长亲自教授的改良食谱。如果要做寿司卷（见图片中央），只要将食材放入寿司竹帘中卷好便大功告成了。

如果您想挑战手握寿司（见图片右侧），需要将酱汁和白饭混合，放入寿司模具中捏好形状，再用烤牛肉裹好，最后装点上芥末便制作完成了。

日式与西式碰撞而出的崭新形态

牛肉料理

02 超厚牛排

口感满分的终极肉料理

作为肉料理真正的顶峰，牛排能让厨师们无比头疼。正是因为它的制作方法十分简单，才更加考验厨师们的本领。今天我们就来教您如何烹饪美味的牛排。

要点

最好将这四步准备工作牢记于心！

牛排可不是只要随便烤一烤就能够完成的，正是这个原因令无数人叹为观止。越是这种无须繁复工序就能完成的简单料理，事前准备工作对成品的影响就越大。希望您在学习了正确的步骤后，也能鼓起勇气挑战一番！

盐·胡椒

在自然回复常温的肉上撒满胡椒和盐。选用颗粒较大的海盐，胡椒则用瓶装的黑胡椒。推荐将胡椒用研磨器磨碎，这样能让肉沾上胡椒浓郁的香味。

切开

如果您想要做牛排，推荐您买下一整块肉吧。可以根据自身需求将肉切成适合的大小，在这一步准备工作中，直接买下一大块肉的方便之处可谓是不言而喻。

揉肉

撒满盐和胡椒后，让我们用双手仔细将肉揉搓，让整块肉更加入味。有了这一步骤，下锅时事先调好的味道不容易流失，成品也会更加美味。

放置至常温

在烹饪前，推荐您将肉从冷藏库中取出，放置并待其回复常温。这样等到下锅时，肉的内部也可以均匀受热，完成时不容易夹生。如果想要完美把控温度，这是必要的准备。

对于备受关注的草饲牛肉的重新研究

能否做好草饲牛肉取决于厨师的手艺

一说到饲养牛的场景，您首先想到的是在牛舍中饲养的牛群吗？这样被谷类饲养长大的牛我们称之为谷饲牛，而与其相对，用牧草喂养的牛则称之为草饲牛。而今天，“RUSTEAKS”这家店为我们推荐的正是草饲牛肉。

“在牧场中长大的牛得到了充分的锻炼，也没有什么压力。它们的肉中含有对人体有益的Omega脂肪酸和维生素B。而且，草饲牛肉可是出了名的难做，若是烤老了便会变得干巴巴的，没烤熟时口感则会不佳，厨师面对它可绝不能敷衍了事。”

在人们逐渐开始追捧红肉（瘦肉）的当今社会，草饲牛肉也自然而然地成为人们瞩目的焦点。

DATA

RUSTEAKS

地址／东京都涩谷区广尾5-22-3 B1F

☎03-6277-1963

营业时间／17:45—22:30

休息时间／周一

饮食手帐 — 肉料理

RUSTEAK独家酱料大公开

脂肪较少的草饲牛肉和富含油脂的黄油酱非常搭配。大蒜等调料过于浓烈，所以以百里香调味的酱料是最为合适的。

材料（2人餐）

黄油…10克

百里香…2根

做法

❶切出需要量的黄油，放入碗中间，加热融化。

❷当黄油充分融化后，在碗中加入2根百里香。

❸当百里香的香气扩散开来时，将百里香装点于牛排上，从碗中捞出黄油的透明部分（透明黄油）以画圆方式均匀浇在牛排上。

1

2

3

目标是成为牛排巨匠！

牛排煎烤也要因客人而异

因为我们准备了整整一大块肉，所以能够自由选择每次烹饪多少分量。
根据客人的喜好来烹饪也不失为是一种乐趣。

200克

适合

爱吃肉的A小姐

这位小姐看起来高挑苗条，不过她最喜欢的食物就是肉。这样爽快宣称自己是无肉不欢的肉食性女子，您在生活中应该也遇到过几位吧。为了招待这样的女孩子，让我们从上好的大块肉上切下牛排，让她大快朵颐吧！等待200克的肉回复常温大概需要30分钟。

400克

适合

运动型男B先生

这是一位经常锻炼的年轻人，体力好，而且食量也大得惊人。如果给他的肉太小，就太对不起我们料理热爱者的名号了。400克的肉对于食欲旺盛的他来说应该分量正好。等待400克的肉回复常温需要1小时，比200克要多花一倍时间。

开始

30

分钟

回复至常温

回复至常温

开始

小时

下锅煎第一遍

第一道工序就是“先过一次火”。让我们用大火加热平底锅，然后一口气将肉下锅，将其表面煎熟。这一加热步骤并没有什么其他目的，将表面加热只是为了防止肉的鲜味流失，希望您能牢记。无论肉的大小，每一面大约煎炸45秒。

分钟

放置

让我们将烤至变色，每一面都出现了“烧烤纹路”的肉用锡纸包好，放置7分钟左右。关于放置地点的选择，只要您所在的地方温度不是特别低，或者只需要把它放在厨房周围即可。

为什么要把肉放置一会儿呢？

我们现在介绍的牛排的煎法中需要将肉放置一段时间。一方面是烤后的余温能继续加热肉的内部，这是一种烹饪的技巧；另一方面则是因为加热后的肉纤维会收缩，如果我们在烤后立刻下刀，肉汁就全都流失浪费了。而将肉烤好后放置一段时间肉纤维也会放松，这样我们能尽可能保留住肉的美味。

▼

分钟

烤箱

现在让我们把包裹肉的锡纸去除，将肉置于耐热盘子中，再放入烤箱用200℃加热3分钟。与其说是继续烹饪，这道工序更像是将放冷的肉重新加热。

完成了！

当我们切开牛排，煎至全熟的表面和鲜嫩多汁的半熟红肉就映入了眼帘。正是它们和谐的共存，让牛排看上去堪称艺术品。若是能得到如此的招待，相信每一位客人都会心花怒放。

分钟

烤箱

400克的肉在煎炸第一遍后就要立刻放入烤箱中。让我们把温度设定为200℃左右，烘烤7分钟。第一次过火并不能让肉完全熟透，我们需要再用烤箱加热一次。

▼

30 分钟

放置

与处理200克时的情况相同，这块肉我们也将它包入锡纸中放置。不过您要注意，放置的时间可是不一样的。400克的肉需要您静静等待30分钟，毕竟戒骄戒躁也是成功的秘诀。

▼

3 分钟

烤箱

在这一步，我们加热肉的温度和时间都和处理200克肉时相同。为了能给客人们端出热腾腾的美味料理，请您参考我们推荐的最佳温度和时间进行烹饪。

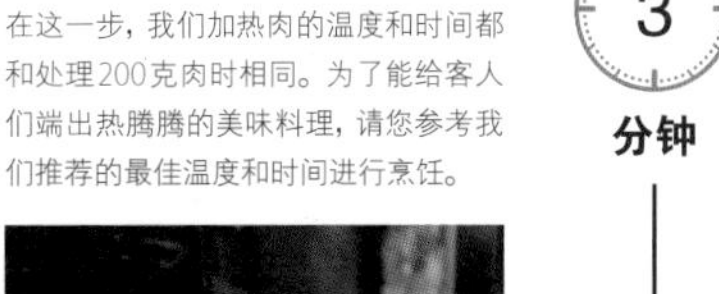

完成了！

400克的大块肉分量十足，不过中心也已经被我们充分加热，口感绝对有保障。这就是一系列的付出和等待得来的美味结果。

和专业人士学习肉料理技巧

接下来，我们将公开几道肉料理。
无论男女老少都赞不绝口的汉堡肉饼、
抑或是用米饭烹饪而成的菜肴，
都能为您的餐桌带来华丽的美感。
稍下功夫，即可获得成倍美味。

牛后臀肉排煮米饭

DATA

Hiroya

地址／东京都港区南青山3-5-3-101
☎ 03-6459-2305
营业时间／18:00—第二天3:00
休息时间／不定时休息

Hiroya

福岛博志先生

福岛先生踏入料理的世界是在他23岁的时候。虽然这个时间对厨师来说有些晚了，但是他曾经在多家意式、法式和日式餐厅进行了各种各样的进修，终于，福岛先生在2013年9月开张了这家“Hiroya”。除了至今为止的经验，他更是熟练运用了积攒的知识和技术，由他做出的独特的原创料理也吸引了众多狂热粉丝。

请告诉我们如何才能做出牛后臀肉排煮米饭吧！

一般来说，肉煮饭是指将米和肉一起煮熟的吃法，但是“Hiroya”的牛后臀肉排煮米饭却颠覆了我们对肉煮饭的印象。“我在做饭的时候，最在意的就是‘口感’‘香味’和‘温度’。要将这几点充分结合起来，才能做出最为美味的食物。无论是什么料理，我都遵循着这样的想法完成。从这道肉煮饭中，各位也一定能品尝出我的理念。”福岛先生为了贯彻他的理念，才故意不将米和其他食材一起煮熟。那么，接下来就让我们来逐步学习如何做出这道肉煮饭吧。

首先要关注口感。其实做这道菜需要我们准备的配菜非常简单，只需油菜花、辣味萝卜、生姜三种。让我们先将这三种食材切成同样大小，将它们泡入盐和酱油中腌渍片刻，使其入味。然后将煮得略硬的白米饭、油脂较少的牛后臀肉排、用酱油和盐腌好的山椒混合在一起。然后再来营造香味。香料各自独特的香气，由辣味等各类气味混合而成的美好味道，最终都会为料理锦上添花。您还得注意，用铁锅煮成的米饭吃起来更加美味。这些都是福岛主厨长年的知识和经验磨炼出的技艺，不过如果掌握了诀窍，您也能够复原出他的拿手好菜。

能成为“炫耀资本”的理由

要点 01

稍微有些硬的米饭才是“Hiroya”的特点

“Hiroya”使用的铁锅是参考了以前的大铁锅定制而成的。连盖子都是铁制的，非常沉，所以无须担心里面的水煮沸后顶开盖子，也不需要蒸完后再焖上一段时间。福岛主厨喜欢将米煮得稍微硬一些。有点硬的米非常适合与其他的食材搭配在一起，它能够让每一种食材都不至于被埋没。可以说，福岛先生在煮饭的时候就细心地考虑到了口感问题。

要点 02

肉不能在烤箱里放太长时间

当肉的表面大概都烤熟后，让我们将肉放进烤箱，使其整体都得到加热。不过在这个阶段我们要根据肉的大小和厚度来调整加热的方式。我们这次使用的是先烤制3分钟后再冷却5分钟的方式，将此工序重复一次。如果肉的厚度和大小与图片上的不同，也需您灵活应对，可以改变烤制的时间或者重复的次数。如果您准备的肉很薄，却用了我们给出的时间烤制，肉会烤得太老。如果您准备的肉很厚，那就多烤几次吧。

要点 03

蒸好后再来一勺高汤

说到肉煮饭好吃的部分，就不得不提到香气扑鼻的锅巴。可是实际上我们吃饭时这锅巴总会粘在锅子上，用饭铲也很难铲下来。不过有了高汤就方便多了。我们可以用勺子之类的取出适量的高汤在刚刚蒸好的米饭边缘浇上一圈，这样米饭就可以完美地和锅分离开了。不过，如果高汤加得太多，会让米饭变得水淋淋的，请千万注意不要倒太多哦！

菜谱

牛后臀肉排煮米饭

略微腌制过的蔬菜，煮得稍硬的米饭，脂肪很少的牛后臀肉排。
正因为这些都不是在一起煮的，每一种的存在感都更加鲜明。
蔬菜独特的风味和辣味使得味道更加丰富，最终完成了这样一道珍馐。

材料（2人餐）

米…260克
高汤…212毫升
酱油…少许
盐…少许
胡椒…少许
牛肉（后臀肉）…140克
油菜花…40克
辣味萝卜…80克
生姜…7克
腌山椒…13克
粗盐…少许

做法

❶将米淘净，放入212毫升的高汤、少量酱油、盐，煮大约15分钟。一开始用大火，待水沸腾后就转为小火。
❷在煮米饭的时候可以准备其他材料。首先先将盐和胡椒撒在牛肉上，用平底锅事先热好油，将牛肉煎至双面变色。
❸将表面煎熟的牛肉放入200℃的烤箱烤3分钟，然后冷却5分钟。重复一次此工序。
❹在烤肉时，将油菜花、辣味萝卜切丁，生姜切成细丝，放入盐和酱油中稍做腌制。
❺将上述蔬菜腌制大概10分钟，使其入味，用厨房用纸等将水分吸收。
❻把米饭煮好，将腌好的菜放在米饭上，再在上面撒满腌山椒。
❼将用烤箱烤好的牛后臀肉切成能够一口食用的大小，放在蔬菜和山椒上。
❽最后再撒上少许粗盐和酱油调味。

3 4

7 8

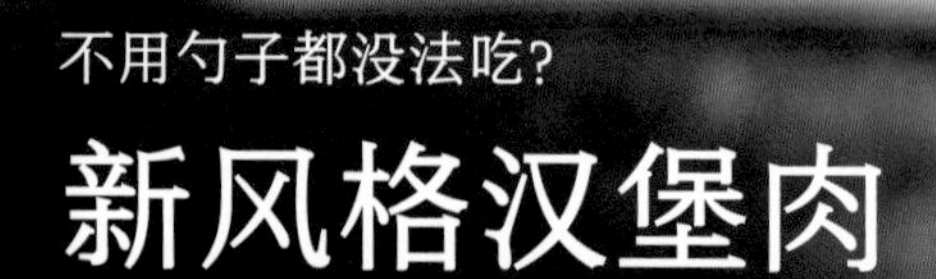

不用勺子都没法吃？

新风格汉堡肉

您吃过这样入口即化的汉堡肉吗？
用百分之百的和牛制成的极致美食，
这独一无二的美味就在您面前。

肉汁不断地涌出

用贺俱乐部

多贺伸幸 先生

多贺先生在大约20年的时间里于各处有名酒店和餐厅磨炼法餐、意餐技术，是一位实力派厨师。如今，他在“用贺俱乐部”“Shibuya City Lounge”（东京·涩谷）等6家餐厅中担任大厨。

DATA

GRILL&DINING 用贺俱乐部

地址／东京都世田谷区玉川台2-17-16 世田谷master house 1F

☎ 03-3708-8301

营业时间／11:30—23:00

（周末、法定节假日 8:00—不定时间）

休息时间／年末、年初

入口即化的口感
由食材和火候决定

汉堡肉是深受大众喜爱、经常出现在家常餐桌和便当中的明星菜品。而汉堡肉业界可以说是群雄争霸。其中，坐落于东京·世田谷住宅街的这家“用贺俱乐部”推出的“日产和牛汉堡肉烤肉”让口味刁钻的肉食爱好者们心心念念，更是让某个美食评论艺人赞不绝口，称其为“日本第一的汉堡肉”。

“本店的汉堡肉经常得到‘入口即化’的评价。本店以‘GRILL&DINING’（烧烤与正餐）为主题，菜品大多都是使用了国内外的优质肉类以及海鲜。而汉堡肉我们坚持使用百分百的和牛。能够直接作为牛排肉端上餐桌的高档美味和牛被我们做成了汉堡肉，这样能让肉的美味被牢牢锁在其中，还能拥有入口即化的口感。”

正如多贺大厨所说的，这道柔软至极的汉堡肉需要客人们用勺子才能品尝。而餐厅名字里的“烤肉”也深受重视，当您品尝这道绝味时，能够感受到大厨们对于烤肉超乎寻常的坚持。

入口即化的口感

和鲜美的肉汁演绎的二重奏

只是用勺子轻轻抚过汉堡肉，肉汁就争先恐后地溢出。

这入口即化的口感究竟是怎么做出来的呢？

材料（2人餐）

牛肉馅（肩肉）…400克
牛油…100克
色拉油…适量
洋葱…80克
泡过牛奶的面包…60克
鸡蛋…1个
盐…3克左右
牛高汤（Demi-glace sauce）…适量

汉堡肉能变得如此柔软，是因为额外添加了牛油。用贺俱乐部的厨师会在肉饼中添加整体分量20%的优质和牛牛油。

做法

❶将牛肉馅、牛油和切碎的洋葱放入碗中，并把用牛奶浸泡过的面包撕碎放入其中。
❷加入鸡蛋和盐。可以用手快速用力揉搓肉馅，让它们更快地混合均匀。
❸取出大概一半分量的肉馅，用双手丢接摔打，来回大概10次，这样可以将肉中的空气摔出。
❹将肉馅捏成圆饼状。
❺在平底锅中倒一层色拉油，用大火充分热好，并将肉饼煎至变色。
❻将肉上多余的油滤去，放入250℃的烤箱加热4分钟。
❼用烤箱烤制时，为了使肉饼受热均匀，要记得不时将肉翻面。
❽将肉饼放到铁盘上，完成。用贺俱乐部还会为各位客人提供加热过的牛高汤，方便搭配食用。

BEEF

牛肉篇

想要亲手做汉堡

为了能做出传说中的极品汉堡“Premium Burger”，
我们请来了两位老师来教授我们汉堡的各种基础知识。
汉堡学校开课了！

摄影：铃木裕介、泽田圣

享受幸福时刻

最好吃的

培根奶酪汉堡

我们现在要学习的，是被大众所喜爱的汉堡的经典款——培根奶酪汉堡。我们请来了业界著名的两位讲师来教授我们秘传的特殊菜谱。只要将这三阶段的课程全部学完，您也可以自豪地在自己的菜单上添加一项“最好吃的培根奶酪汉堡”了。

制作汉堡面包

面包是汉堡最下面的“基盘”，也是最上面的“房顶”。在这里您将学到如何提升面包成品给人的第一印象。

制作肉饼

汉堡的主角当然是肉饼了。我们接下来将会教您做的不是汉堡肉，而是专门为汉堡而生的肉饼。

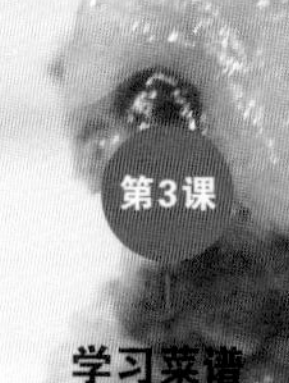

学习菜谱

最后一节课将教会我们如何将汉堡面包和肉饼“组合”起来。如何将汉堡各个部分的优点充分发挥出来也是需要技巧的。

专业人士亲传的做法

将嘴张大然后一口咬下，就能体会到肉汁和蔬菜在口中奏响的协奏曲。
口中满溢的美味将为您带来极致的享受。
快请专业人士教授我们能做出这种汉堡的方法吧！

汉堡面包老师

“我曾在麹町的面包店进修，也一直在活用在那里学到的技术制作面包。一开始我从零售做起，逐渐还有酒店和餐厅向我们发来法式面包订单。现在一家可以说是无人不知无人不晓的老牌汉堡专营店也向我们下订单，也正是他们的订单改变了我们的命运。我们为那家店供货的消息传开后，更多的店铺递来了橄榄枝。如今有大概200家店都和我们保持着合作关系。”听说高桥先生在斟酌汉堡面包的做法时，还会考虑汉堡店究竟想要做出怎样的餐品、是否能保持味道的平衡，以及附近是否有类似的菜品这些问题。

蜂屋老板
高桥康弘 先生

DATA
蜂屋
地址／东京都新宿区6-19-9
☎03-3350-4305
营业时间／10:00—19:00
休息时间／周日、法定节假日

肉饼&菜谱老师

“除了肉饼，咸牛肉、蛋黄酱甚至番茄酱都是我们自己制作的。‘绝不能让因食物而生的笑容和快乐消失’是我们的信条。我们自制这些食品，正是我们遵循信条、追求美味的表现。”明明店铺开设在东京的驹泽，不过您一旦进入店中却会感觉自己仿佛来到了美国的餐厅。在这样的环境中享用汉堡可以说是一种享受。征服了无数顾客的水上先生的肉饼，是将肉酱通过“手打”的制作工序制成的。这样制作而成的肉饼有着良好的口感、美味以及活力。希望您此后也能学到他的信念和技术。

AS CLASSICS DINER 老板
水上诚二 先生

DATA
AS CLASSICS DINER
地址／东京都目黑区八云5-9-22
☎03-5701-5033
营业时间／9:00—23:00
休息时间／周二

制作汉堡面包

**好吃的汉堡
它的面包就会与众不同！**

您看了下面的图片应该就能明白了。汉堡中用到的面包从形状到大小，再到味道全部都很特殊。我们要学习制作的不仅仅是普通面包，而是专门的汉堡面包。

绝佳的汉堡面包来自绝妙的配比

制作汉堡面包的基础知识

准备

要制作面包，首先要从混合材料开始。重要的是注意分量。

第一次发酵

面包会膨胀是因为酵母发酵。这道工序的成功与否会决定成品口感的好坏。

分割

为了使之后的工序进展顺利，我们需要将经过第一次发酵的面团切成合适的大小。

成型

这道工序会影响成品的大小和形状。我们需要做出合适形状和大小的面团。

第二次发酵

面包只经过一次发酵是不够的，这就是它的复杂所在。而经过第二次发酵的面团会膨胀起来。

烤面包

最后一道工序就是烤面包了。火候、加热的时间都需要我们谨慎调整。

汉堡学院

黑麦汉堡面包

只要我们在面团中加入黑麦就能做出味道朴实的黑麦面包。做好后也可以再多加几道特别的工序，比如在面包上喷上一些水，撒上燕麦，都能让面包锦上添花。

奶油面包

在面团中加入黄油、鸡蛋和糖，就能做出口感柔软、令人喜爱的奶油面包。若您想在成品上进行装饰，我们推荐您撒一些黑麦。

改良汉堡面包

如果您掌握了基础的汉堡面包的制作方法，那么不妨将已经熟悉的做法进行一些改良吧！ 您将发现，一旦面包变化，整个汉堡的口感和味道也会不同。

如何制作汉堡面包

步骤_1

准备

接下来让我们将第42页的食材按照正确的配比混合在一起。虽说这是我们最推荐的分量，不过根据您要招待的人数也可以自行进行相应的增减。

步骤_2

第一次发酵

用保鲜膜等将面团封好，在室温下放置2小时左右，让其发酵。然后取出面团，将其摔打，除去面团中的空气，再发酵1小时。

步骤_3

切分

现在我们可以切面团了。这是为之后的扩展工序做准备。具体切成的分量要根据面团的大小来决定，不过在蜂屋，厨师们一般将面团切成重量300克左右的小面团。

步骤_5

第二次发酵

在蜂屋人们是用专用机器发酵面包的。如果是在自己家做，您可以用塑料盒子（发泡胶盒子）装上45℃的热水，让面团在不碰到水的情况下发酵1小时。

步骤_6

烤面包

用刷子在二次发酵后的面团上涂满蛋液，并在表面轻轻撒上一些白芝麻。经过这道工序，面团看起来已经有了面包的雏形。

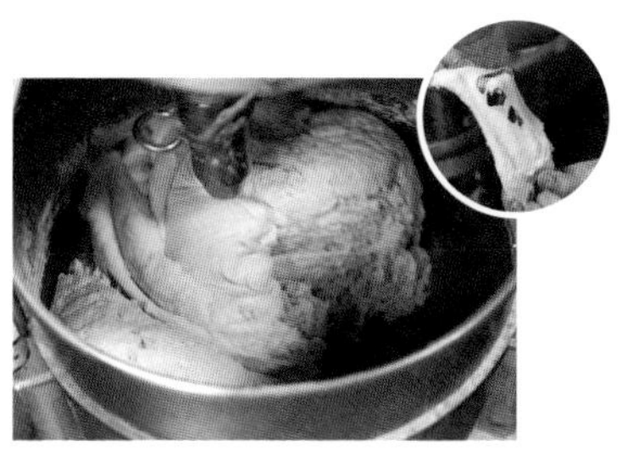

在蜂屋，人们使用专用机器来揉面团。您在自己家做的话可以用双手仔细揉捏。等面团能够拉伸到右上照片里的状态时，就可以进行下一个步骤了。

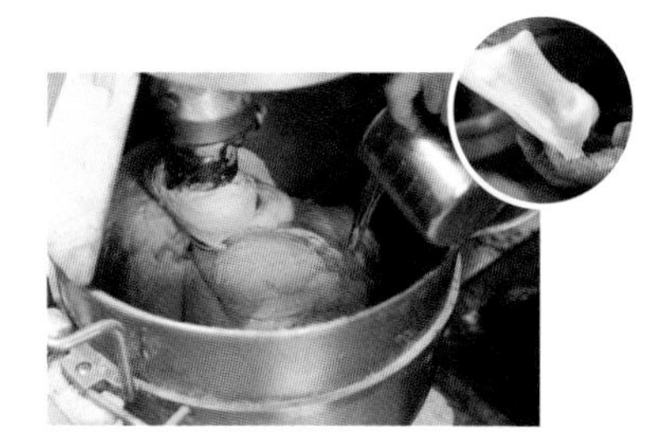

加入米油后，面团就会变得润滑。油的分量需要根据季节变化进行增减。就像右上的照片里展示的，因为油的润滑，即使我们把面团抻成面皮它也不会破。

步骤_4

塑形

将面团切成小块后，先将他们用保鲜膜包裹好，放置约15分钟，然后再用擀面杖将面团进行适当的扩展。这是为了方便之后再切割。

现在要将在上一道工序展开的面团切成更小块。每一小块要切成约40克，然后再将它们揉搓成汉堡面包大概的形状。之后我们就可以进行下一步工序了。

将面团放入烤箱中，大概以210℃烘焙14分钟即可。根据您的设备功率可以自行调整时间。如果使用的是家用烤箱，您可以一边观察面团的状态一边进行调整，只要不把面包烤焦即可。

光泽和蓬松质感很重要

完成了！

这就是用蜂屋秘传配方做出的汉堡面包。它的顶部闪耀着美丽的光泽，而整个面包圆润蓬松，看起来也十分耀眼。

制作肉饼

令人感动的“手打”技术大揭秘

肉饼可以说是汉堡的主角。一定要用“手打”来把一整块肉做成肉饼，这是水上先生最大的信条。肉饼能让人充分享受肉的口感。

1

我们使用的是只用谷物喂养大的牛产出的优质牛肉。这块大肉块足足有7千克，我们现在就将它切成小块。

2

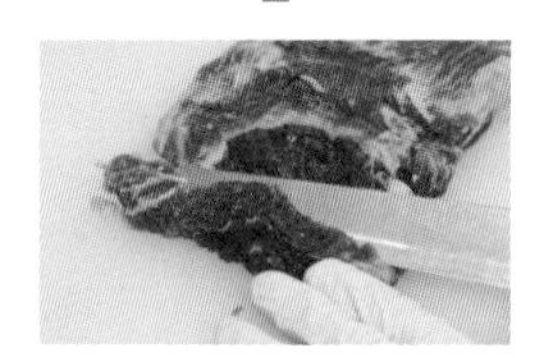

脂肪较少的瘦肉是肉饼的主要材料。虽然也可以使用其他不同部位的肉来制作，不过这里我们用的是被叫作“下肩胛眼肉卷”的上脑肉。

3

根据使用的部位不同以及每个部分脂肪的分布情况，厨师们可以将原本8:2的脂肪比例改变成9:1的比例。在细节处也彰显着专业。

4

将悉心敲好的肉和脂肪放入袋子中。为了让肉粘得更紧，我们可以将袋子中的空气抽出。

5

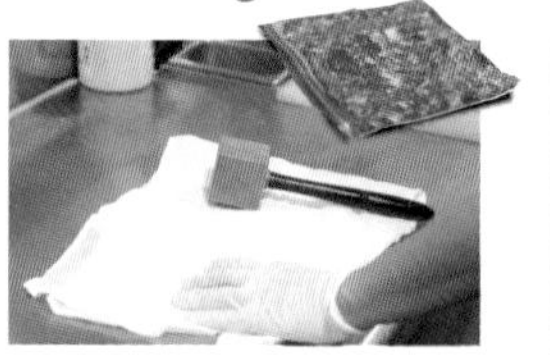

现在需要在肉上铺上毛巾，用专用的工具敲打。当我们将肉的纤维打破，肉与肉、肉与脂肪就会粘在一起。如果完全打碎的肉糜算作100%，我们这里把肉敲打到70%的程度就好。

6

因为我们不会加入洋葱或面包糠等能够增加肉饼黏度的材料，所以需要敲打牛肉，使其变得黏稠，这样肉更容易粘在一起。

汉堡学院

改良汉堡面包

水上先生还会用平底锅来煎汉堡面包。他会将汉堡面包用菜刀切成两半，将切面向下放在平底锅上煎炸。面包外侧已经烤好了，所以只需将切面煎至香脆金黄即可。

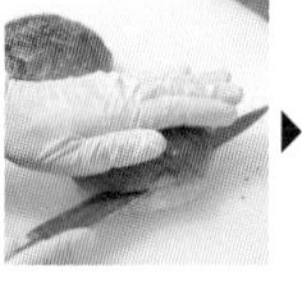

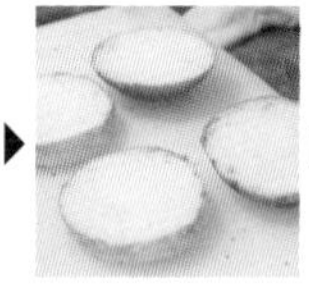

7

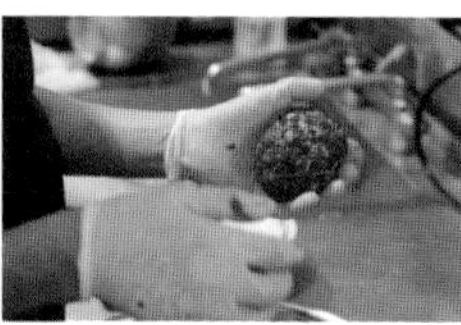

一块肉饼大概有170～200克。“AS CLASSICS DINER”的招牌肉饼看起来个个分量十足。

8

所有的制作工序都是厨师手工进行的。为了不损伤肉质，建议您最好是在凉爽的地方迅速地制作。

9

将肉饼分为合适的大小后再用保鲜膜包好，压成肉饼的形状。厨师戴手套，并且用保鲜膜将肉隔开，这是为了不让手的温度影响到肉饼的品质。

10

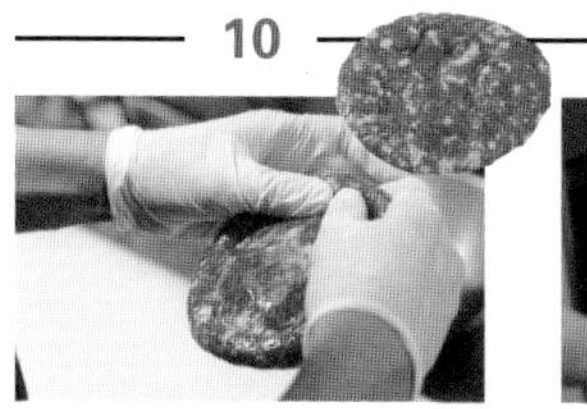

让我们用手将肉从中心到外侧快速捏成圆饼状。因为肉受热会收缩，所以要故意捏的比最终想要呈现的尺寸更大一些。

11

我们需要将1大勺盐、5大勺油倒入平底锅中充分加热。这样可以保证之后煎肉饼的时候肉不会粘锅。

12

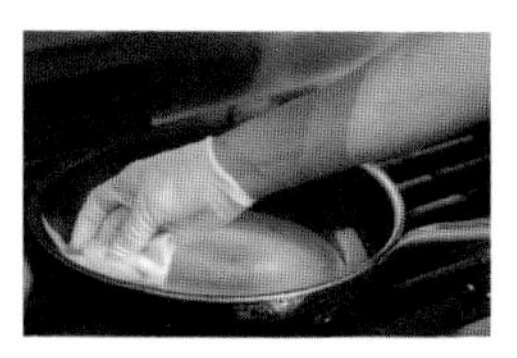

将热好的盐和油擦除，再加入1小勺油。再次把锅加热，然后就可以煎肉饼了。

13

将肉饼凹凸不平的那一面朝下放入平底锅。开大火，将其煎至熟透，需要花费3～5分钟时间。

14

用大火持续煎烤肉饼，等看到肉饼表面渗出肉汁后就可以翻面了。肉饼里没有添加可以增加黏度的材料，所以在翻动这个百分百牛肉饼的时候要格外小心。

15

同时，我们可以将汉堡的另一些材料，如洋葱等同时放入锅中炒熟。这样做效率也比较高。

完成了！

目标是外焦里嫩

因为肉饼是用大火煎熟的，所以表面干脆可口，而鲜嫩的肉汁则被牢牢锁在肉中。

学习菜谱

想要做出最好吃的汉堡，要满足这三大元素！

重头戏汉堡面包和肉饼已经制作完成了，接下来就到了把所有材料组合起来的时候了。而这最后的工序会决定成品的质量。让我们来学习如何做出豪华而特别的汉堡吧！

(1)美式大分量是“AS CLASSICS DINER”汉堡的魅力点之一。我们需要将汉堡分为上下两层进行分别制作，最后再将两层合为一体。首先，我们将面包放入平底锅用文火煎炸，再涂上厚厚的蛋黄酱。为了不让肉汁和蔬菜的水分被面包吸收，酱一定要仔细涂抹，不留一丝空隙。

(2)新鲜的蔬菜在汉堡中可不只充当配角。将把生菜、番茄、洋葱按照顺序放入汉堡中。

(3)把汉堡面包作为基底，在它上面按顺序叠放新鲜出炉的肉饼、车打奶酪、培根和腌黄瓜。

(4)最后只要将上下两层叠在一起就大功告成了。

肉饼&奶酪

想要做出味道更加浓郁又富有冲击性口感的汉堡吗？
我们推荐您再加入一片奶酪片。

（1）将汉堡经典搭配——奶酪放入其中，使得整个汉堡显得更加豪华。如果您将奶酪片放在肉饼上一起加热，前者就会融化，和肉交融在一起。

（2）在肉饼快要出锅前放上两片车打奶酪一起加热。洋葱片也可以在旁边一同煎烤，这样能提高烹饪效率。

（3）当奶酪融化并包裹住肉饼后就可以出锅了。让我们尽情享受与奶酪紧密交融、浓郁香醇的肉饼吧！

元素2

培根

香嫩可口、喷香、软糯又咸鲜……
诱人的自制培根可谓是最棒的食材。

尽情品味
豪华的口感

1

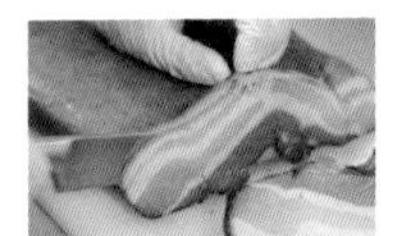

经过腌渍、去盐、干燥、熏制等几道工序，以及大约10天的时间才能做出的自制培根有着丰富又特别的风味。

2

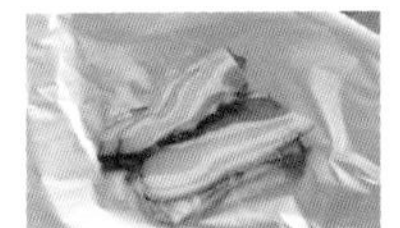

将培根切成较厚的片状，为了防止肉受热收缩，可以用铝箔纸包好再煎炸。这时为了让包在铝箔纸中的油能够渗出来，我们可以切掉铝箔纸的一角。

3

将培根交叉摆放，最好是摆成正方形，这样更容易放在面包上。摆好后用大火一口气煎熟它们吧！

4

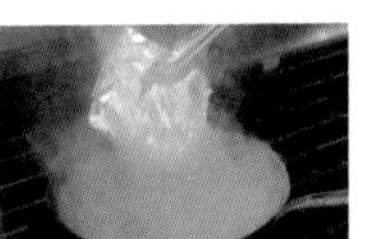

等待5分钟左右，锅里会出现烟雾。这时将火候调到中火。根据具体情况，您也可以用小火慢慢煎烤。火候就交给您来掌控了。

5

把培根加热后，刚刚切开的铝箔纸一角会流出融化的培根脂肪。您可以准备一个大夹子，这样也能防止烫伤手。

6

融化的脂肪会和水分离开，此时我们可以用大夹子将培根夹起，滤出油脂。流出的油脂有着培根的香味和咸味，还能用在其他料理上。

7

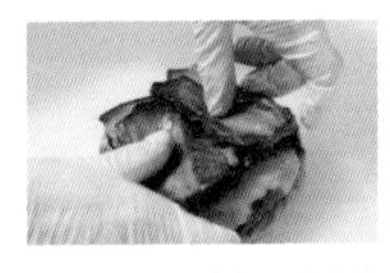

等到培根的油脂都流出后就可以出锅了。培根的口感酥脆，香气诱人，即使是在一众食材中，它的存在也令人难以忽略。

元素3

番茄酱

将剩下的新鲜番茄也充分利用起来，
做一份特别的汉堡酱吧!

1 刚煎完肉，还留有肉汁的平底锅也要充分利用起来。在煎培根时，在滤出的油脂里加入100毫升左右的水，用大火煮沸。

2 我们之前制作了夹在汉堡里的番茄片，现在也可以将剩下的番茄好好利用起来。可以将它切碎后放入3大勺番茄酱，再加入少许盐调味。

3 熬煮，等待锅内水分变少后即为完成。培根的咸味、浓郁诱人的香气和肉汁混合在一起，制成了这锅特别的酱汁，味道十分不错。

汉堡学院

洋葱&蘑菇汉堡

材料（2人餐）

蘑菇…3只
切片洋葱…1个
切片番茄…1个
生菜…1片
肉饼…1片
盐和胡椒…少许
黄油…少许

做法

把煸炒后的蘑菇和烤过的洋葱满满当当地塞在面包中，就得到了这道洋葱蘑菇汉堡。加入了生菜、番茄等新鲜蔬菜和分量十足的肉饼制成的汉堡已经颇有分量，在此基础上再加上味道香浓、口感柔软的蘑菇，其美味令人上瘾。

具体做法是，先将蘑菇和洋葱放入平底锅中，加上少许油后，以中高火煸炒。等待锅中的混合物变成酱汁状后，将其放在肉饼上，盖上面包。调味则只需要加入简单的盐和胡椒即可。您还可以把洋葱切成片并煎烤后夹在汉堡里，这样您能在一份汉堡中享受到奢侈的双重口感。

“AS CLASSICS DINER”的经典人气菜品之一就是这道洋葱蘑菇汉堡。经过煸炒的蘑菇美味无敌。

海外牛肉资讯

牛肉篇

在追寻日本的牛肉时，我们也看到了海外的肉食市场。
在外国，近几年来许多家西餐店都陆陆续续开张，
追求更加大胆而多样的肉料理的美食家们，
一定不会错过这些最新的海外牛肉资讯。

摄影 村松史郎

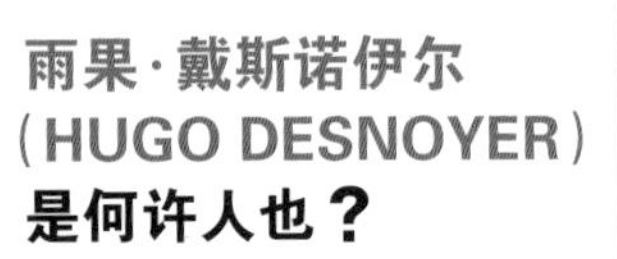

雨果·戴斯诺伊尔（HUGO DESNOYER）是何许人也？

资料

雨果·戴斯诺伊尔

雨果先生曾在各种肉食店积累工作经验，并于1998年在巴黎14区开设了自己的店铺。2013年他又开设了有店内饮食区的位于16区的店，2016年更是在19区开设了餐厅。2015年11月，雨果先生来到了东京。

能成为“世界第一肉店”的理由

雨果先生于1998年在巴黎14区的居民区开设了“Hugo Desnoyer”这家店。他所制作的肉料理很快被米其林大厨以及美食家们发现，他本人也成为足以代表法国料理界的“明星肉料理大师”。如今，除了批发肉食、管理2家肉食店、1家餐厅和2015年11月在东京新开张的餐厅等业务，在时间允许的情况下，雨果先生还会尽可能地来到巴黎店内亲自招待客人。

当我们追问他如何成为世界第一的时候，他也没有停下切肉的手，只是淡淡地回答道：“肉店师傅和厨师不一样，客人们无法向他们点餐。我只是尊重传统，将所学的知识正确地运用而已。”

1

名为雨果·戴斯诺伊尔的肉料理的天才

雨果·戴斯诺伊尔曾得到《纽约时报》“世界上第一肉料理大师”的赞誉，
他于2015年做好充分准备在东京开设了自己的新店。
他一向坚持着法国肉料理大师的传统。

雨果先生的信条就是“从牧场到餐盘”。肉店师傅不只是把送到店里的肉卖出去就完成任务了。他认为，将刚出生的小牛犊培养到消费者餐盘中的美味的一系列过程，都应该是肉店师傅的工作，是他们的使命。因为有着贯彻整个流程的坚持和信念，他才能生产出最高品质的牛肉。

DATA

Hugo Desnoyer

地址 / 28, rue du Docteur Blanche 75016

☎ 01-46-47-83-00

营业时间 /【肉店】8:30—19:30

（周日营业至13:00）

【餐厅】11:30—15:30

休息时间 /【肉店】周一

【餐厅】周日

http://www.hugodesnoyer.com/

关键词

通过4句格言了解这位天才

我们就来具体看看雨果先生到底有着怎样的坚持吧

“为了让肉变得更美味，我们需要让动物快乐舒适地慢慢成长。这需要我们和养殖户一起配合完成。”正如雨果先生所说，店里的肉会被切成大块的原样，并保存在0℃～2℃的冷藏库中，且在切割后就无缝进行熟成工作。熟成工作最少也需要4周时间，等到它们变得更加柔软、浓缩了更多美味后会被切好并罗列在店里。雨果先生的熟成肉也是远近闻名，他曾这样说：“将肉放置，使其熟成的做法是法国的老传统

格言1

“这是法国的传统。没有熟成工序，就不能算是我做的肉。”

熟成是指利用肉中本来就带有的酶将纤维分解，使得肉变得柔软而美味的自然变化过程。当然根据牛的年龄和品种不同，熟成的时间也不尽相同。考验肉匠本领的地方就在于能够准确判断何为最佳的熟成时机。

在巴黎16区店铺的最深处，熟成库里吊着一排排的带骨肉块。熟成时间最少也需要4周，而牛的年龄越大，产出的肉熟成得越快。表皮干燥的是最理想的熟成肉，可以用手摸一摸来确认它的状态。

了。我只是一直在等待它们变得最为美味的那个瞬间。”熟成对时间和技术的复杂要求也决定了它的高成本。根据肉的种类和年龄不同、熟成的进度状态也并不相同。需要经常去确认才行。熟成后的肉还会失去大约20%的重量。所以有很多肉店会省去熟成的步骤，不过这样连传统也一并丢失了。可以说雨果先生是将熟成肉的美味再一次让世人所熟知的大功臣。

而他所生产的最高级肉通过三种形式贩卖。

(1)羊羔肉和小牛肉区。切成细条生吃的鞑靼牛排是Desnoyer的招牌菜。

(2)布雷斯产的普通鸡肉和珍珠鸡肉也在这里贩售。

格言2

“本店只出售遵照标准，在大自然中养育出的动物肉。”

在店铺中陈列的都是雨果先生悉心在指定的饲养环境中养育出的动物所产的肉。不仅有牛肉，还有小牛肉、羊羔肉、猪肉、鸡肉、鸽子肉等近50个按种类摆放的肉，它们整齐地静候客人光顾。

(左)在吃肉时也可以搭配番茄或者西芹蔬菜沙拉。在店中的餐厅里，您还能品尝到各种时蔬炖菜和法国、意大利产的香肠。

(右)装盘或罐装的猪肉和鸡肉也是畅销商品。

“‘Délicat’是熟成时间4周的标准肉，‘Rond’则是有着浓郁的大地风味、令人回味无穷的肉。而‘Corse’是用年龄较大的牛肉在冷藏库中熟成6周以上制成的，肉脂的风味十分浓郁，比如西班牙的加利斯种类。”在肉分类牌上，不仅详细说明了品种和熟成时间，还根据风味对肉进行了划分，方便消费者挑选。

雨果先生还认为，店员应该为前来买肉的消费者提供建议。“根据客人的要求，比如根据用什么工具来烹饪、想要做出什么菜品等，选用的肉的品种和部位也应该有所不同。肉匠

格言3

“即使是再好的肉，没有匠人的手艺，也是白费。”

传统技术是决定肉的质量重要的因素之一。专业人士下手快速准确、不拖泥带水的刀功能够决定肉的味道和口感。

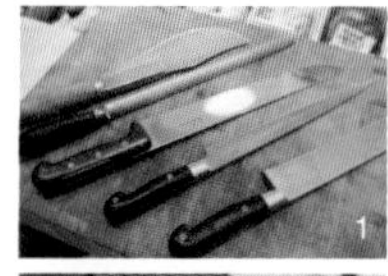

（1）Hugo先生最爱的菜刀大多是由和他共同推出牛排刀的“perceval”公司制造的。

（2）店内也招收了许多见习厨师。对于新人的悉心指导也是为了传承传统手艺。

（3）在柜台的那边，匠人们一边招呼络绎不绝的顾客，一边干脆利落地工作。

应该知晓各种各样的知识。”雨果先生的店还在研发牛排专用刀。这把被取名为“888”的牛排刀是和知名厂商“Perceval”共同推出的，此产品是追求极致切割手感的杰作。“如果我没有选择成为职业屠户，或许现在会当个木匠师傅。我很喜欢肉和木材的手感。”带着尊崇自然，并将其价值升华至最高点的匠人的骄傲，雨果先生将继续生产世界首屈一指的极品好肉。

新概念餐厅因为能近距离观赏匠人们的刀功和大厨们的料理技艺而备受瞩目。在这里您还可以买到与Perceval公司共同推出的小刀。这家公司的刀具制作从锻造、研磨、组装到磨刀全部由工匠亲自制作而成。

格言4

“为了让客人在最好的环境里享受美味，店铺和餐具都不能马虎。”

在店中摆放着许多展示柜，里面美丽的肉块整齐划一地摆放着。店内的桌子和餐刀也是特意定制的。可以说，肉店和餐厅全是为肉而生的。巴黎16区的店铺还开设有用餐区，其店面装潢是由建筑师阿兰·卜杜万亲手打造的。

让肉保持最佳状态

关键词

来自巴黎！雨果风格的天才肉食菜谱

食谱_01

小牛肉鞑靼牛排

Tartar de veau

用视觉和味觉来品味
极致的鲜度

材料（2人餐）

牛肉（小牛腿肉）…250克
青葱（切碎）…2小撮
小葱（切碎）…2小撮
盐…1小把
柠檬（或者酸橙）…半个
橄榄油…2大勺
黑胡椒…适量
芥菜…按照个人喜好添加

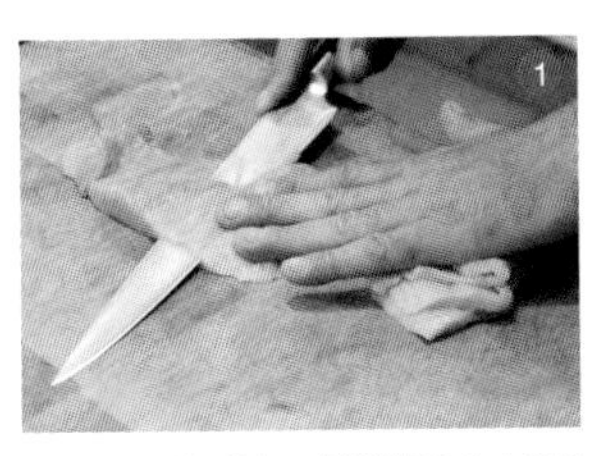

将牛腿肉去筋、斜切。戴斯诺伊尔先生喜爱的小牛肉产自法国利穆赞。

▼

用菜刀以拍打的方式将肉切碎。如果用机器打肉泥会损坏肉的纤维，所以请您务必用菜刀切肉。

▼

将切碎的小牛肉放入碗中，撒上盐。如果情况允许，最好是使用粗盐。

▼

在肉上撒些切碎的青葱和小葱末，并将切成两半的柠檬（或酸橘）挤压出汁。

加入橄榄油。本店使用的是苦味较少的希腊卡拉玛塔产“Profi·Greck橄榄油”。

▼

取少许黑胡椒，用勺子将其与肉快速搅拌混合。这里使用的是马达加斯加产黑胡椒，这种胡椒据说吃起来有种果香。

▼

将调好味的碎肉放入直径9厘米的圆形模具中塑形。之后将肉放入冷却好的盘子中，加上芥菜。

要点

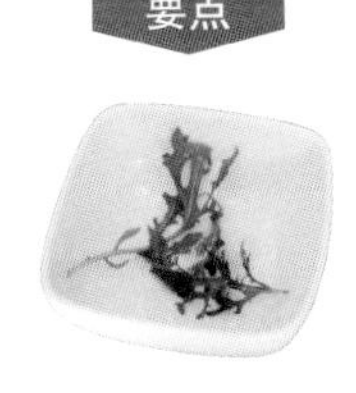

鞑靼牛排不加入鸡蛋或者芥菜的话，口味清新，若是您在其中加入稍辣的芥菜，也别有一番风味。

食谱_02

烤小牛排

Côte de veau

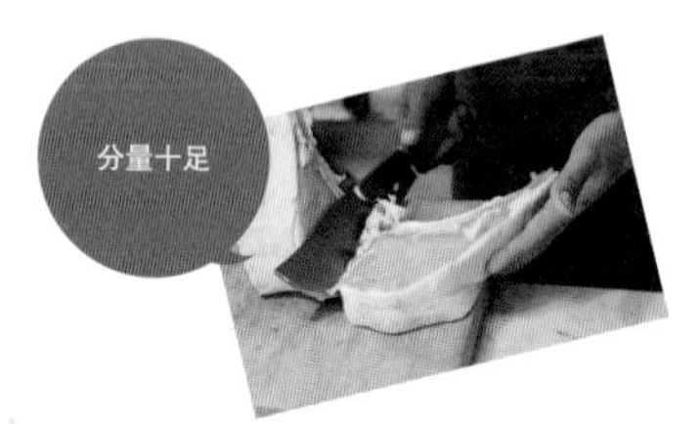

材料（2人餐）

牛肉（带骨小牛肉里脊）…700克
盐…适量
橄榄油…适量
黄油…20克
大蒜…1个
百里香…1～2根

正是因为工序简单，才更能体会到肉匠人们的坚持、技巧和投入

在烤制前先在肉的两面撒上盐。事先在预热好的平底锅中倒入橄榄油，从肉的两侧开始煎烤。

等肉两侧都烧熟变色后，再烤制正反面。不时要在肉上浇油，平面部分分别烤制5～6分钟即可。

等肉的两面都变色后，将轻拍过的大蒜、百里香和黄油放到平底锅的空余部分，让黄油融化。

用勺子将融化的黄油浇在肉上。将平底锅稍稍倾斜，让黄油集中在底侧，并不断浇上黄油，这样能让肉均匀入味。

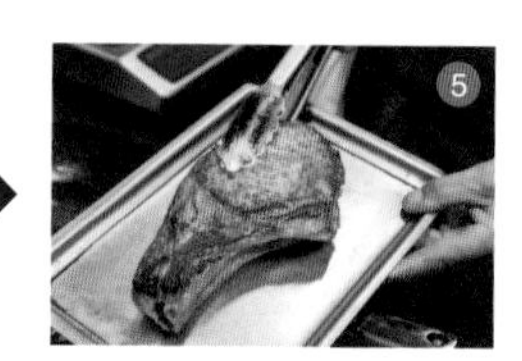

事先热好烤箱，温度控制在180℃左右，将肉放入其中。若您想要做成三分熟，需要将肉两面分别烤制7分钟左右，再用铝箔纸包裹冷却约10分钟，即可完成。

食谱_03

烤牛肋排

Côte de Bœuf

材料（2人餐）

牛肉（带骨牛眼肉）…900克
盐（入味用）…适量
黄油…20克
大蒜…1个
百里香…1～2根

能够品味到肉本来的鲜美
凝结了匠人们手艺的珍馐

将诺曼底产带骨牛眼肉切成厚度约6厘米的小块。在煎烤前，要先肉的表面轻轻撒上一层盐。

从脂肪分量最多的两侧开始煎烤。从肉中流出的牛油不要丢弃，留在锅中。煎烤肉排直至变色。

现在我们继续煎烤肉的表面。两面分别煎烤5～6分钟，然后将平底锅上多余的油脂撇除。

利用平底锅的空余部分融化黄油，加入轻拍过的大蒜和1～2根百里香，使它们的香味融入黄油中。

将融化的黄油浇在肉的表面，然后将肉放入180℃的烤箱中。若您想要做三分熟的牛排，需要将两面分别烤制6分钟左右。最后再将肉包入锡箔纸，冷却约10分钟。

屠宰场餐厅正在风靡洛杉矶！

如果您想说洛杉矶没有什么正经的餐饮流行资讯，那可就稍显落伍了。让我们聚焦如今足以被冠上“肉食发达城市”名号的洛杉矶，一睹风靡这座城市的“屠宰场餐厅”吧！

摄影：Tadashi Tawarayama (Seven Bros.) / Maiko Naito (Seven Bros.)

屠宰场餐厅是什么？

近年来越来越多的餐厅开始与养殖户保持紧密联系，旨在提供安全而高质量的食物并注重健康营养。而其中最令人瞩目的当属将餐厅和精肉店结合在一起的“屠宰场餐厅”。这种全新形式的餐厅能将精心挑选的精肉直接送到消费者身边。

在屠宰场肉店中，客人们能够近距离看到匠人们切割处理肉食的身姿

关键词

于纽约诞生，能够享受到来自全世界的啤酒与肉绝妙搭配的餐厅

现代人是如何提高对于食物的追求标准的呢？

不仅是上层社会的精英们，如今地方百姓也追求着食物的娱乐性和故事性，而且人们不仅仅满足于昙花一现的流行款，还不断寻求真正的美味。近几年，“屠宰场餐厅”作为同时能够提供餐饮服务的精肉店在美国西海岸备受瞩目。在电影工坊和运动公司林立的卡尔弗城，秉持着“喝啤酒吃好肉”口号，来自东海岸的“The cannibal LA”在此隆重开业。设立在东海岸的“Endsmeat”和“Biellese”等养殖户和它保持着紧密的联系，“The cannibal LA”也不断尝试着开发新菜，努力在菜谱中融入西海岸当季的新鲜食材。

店铺_01

The Cannibal LA

受到纽约布朗克斯区的全种类精肉店的启发，秉持着“Know your butcher”（了解肉店）的口号，“The Cannibal LA”在2012年于纽约开设了1号店。在那之后它的姊妹店“Hell's Kitchen”也同样于纽约开张，并于2016年5月进军洛杉矶。在洛杉矶店还分别开设了屠宰区和餐厅区，而作为精肉店的业务也在继续。为了实现所宣传的“喜欢啤酒的肉店老板制作的大餐”这一子概念，他们从世界各地收集了各种啤酒，和肉类进行组合贩卖，这样的做法很快抓住了当地居民的心。

（左）站在精肉店中可以通过窗户看到贮藏库中被吊起来的大肉块，这样压迫感十足的画面正是屠宰商店的精妙之处。

（上）因为场地原因，很遗憾，在纽约店中未能开设厨房区域。不过在本店它得以完美地呈现在大家面前。图中厨师正在使用特制烤架烤肉。

1

2

3

（1）“腹肉牛排”（26美元），大蒜风味浓郁的西班牙烧烤酱将肉的美味展现得淋漓尽致。

（2）广受好评的“烤牛肉三明治”（12美元）。

（3）店内还设置了饮料吧，在这里您可以品尝到十余种生啤酒。

DATA

地址 / 8850 WashingtonBlvd., Culver City, CA 90232

☎ 310-838-2783

营业时间 /【屠宰区】11:00—18:00

【餐厅区】（午餐）周一—周五 11:30—14:30，周六、周日 10:00—15:00

（晚餐）17:30—22:00（周四—周日 营业至23:00）

全年无休 http://www.thecanniballa.com/

店里的布局方便我们以非常近的距离欣赏专业人士的技术

关键词

著名的厨师兄弟亲手建立的精致高级餐厅

展示独特的魅力
更好地取悦客人

“Gwen LA”是一家欧洲风格的娱乐型屠宰餐厅。在澳大利亚祖母家的农场的回忆、在伦敦餐厅中的进修以及从精肉店那里得来的灵感造就了如今的老板兼大厨卡提斯·斯通。这样多文化混合而成的餐厅概念很快就被移民众多、鱼龙混杂的洛杉矶所接纳。在餐厅的心脏部位，即厨房里，有着专门设计的烤肉架，而客人们则可以通过开放式厨房直接观赏到大厨们制作料理的情景。

店铺_02

Gwen LA

在伦敦积累了丰富经验的大厨卡提斯·斯通先生感慨于欧洲精肉店的高品质和匠人技艺，也有了想要拥有一家属于自己的店铺之梦。他在比弗利山庄建立了高级精致餐厅“Maude”并大获成功后，将弟弟卢克吸纳为合伙人，并于2016年7月正式开张营业了这家“Gwen LA”。本店坐落在好莱坞的中心区域，将1926年建成的古老建筑作为舞台，主要经营肉类加工食品，还提供其他由西海岸鲜蔬制成的各种菜品、各类意大利面，还有本店招牌的炭火烤肉等美味料理。

意大利方饺（15美元）与用肉类加工食品或者肉糜等身材制成的经典法式前菜拼盘（时价）。

重要的是要让客人尽兴

来自墨尔本农场的祖母深深影响了卡提斯和卢克。在他们十多岁的时候第一次工作就是在一家精肉店打工，而一直以来他们也梦想着拥有属于他们自己的店。

（1）进入店后首先看到的就是屠宰区域，而欧洲风格的宽敞餐厅就在您的右手边。

（2）由专业人士处理过的各种肉类的各个部位陈列在此。

（3）图中是特别建造的三间干式熟成仓库（Dry Age Room）。处在熟成阶段的肉就储藏于此。

DATA

地址 / 6600 Sunset Blvd., Los Angels, CA 90028

☎ 323-946-7513

营业时间 /【屠宰区】周二—周六 10:00—22:00（周一营业至19:00，周日营业至15:00）

【餐厅区】周二—周六 18:00—24:00

休息时间 /【餐厅区】周日、周一

http://www.gwenla.com/

屠宰肉店的装潢是具有20世纪30年代气息的Art Déco风格

关键词

来自西海岸！屠宰餐厅的先驱

为您提供新鲜肉食的
崭新风格的肉店

对于肉纯粹的喜爱“Belcampo Meat Co.”绝不认输。这家精肉店远近闻名，在西海岸有着自家经营的农场，他们提供的商品和菜单反映着加利福尼亚的流行风潮。比如这里制作的汉堡都是使用经过了100天熟成的牛肉。这种结合了屠户的技术和大厨的知识，提供安全且新鲜肉食的全新形态获得了大众好评。您还能在这里近距离欣赏到专业人士处理肉的手法。老板和大厨们想要让客人们在自家轻松品尝到高品质、可信赖的肉食，而这家餐厅尽数展现了客人们的愿望。

店铺_03

Belcampo Meat Co.

在西海岸开设了7家店铺的精肉店“Belcampo Meat Co.”是将精肉店和餐厅融合的先驱。2017年，他们还在旧金山湾区开设新的店面。我们这次采访的圣莫尼卡店是7家店中人气最旺的重量级店铺。Belcampo Meat Co.在加利福尼亚州的怀里卡开设了自家公司旗下的所属牧场，并且还开发了众多原创品牌商品。饲养、宰杀、加工、生产，这所有的工序都体现了他们保证食品安全的决心、对环境负责的态度以及对保持高品质的信心。既然已经拥有了这样完备的生产流水线，老板安雅·费尔南德自然也开始经营餐厅了。

（1）这都是百分百有机且可以追溯生产源头的安心好肉。

（2）客人们能够通过宽阔的屠宰区域看到制作的全部流程。

（3）想要在家中也能吃到店里的同款美味？您可以在店内购买已经调好味的肉食。

4

原创汤品也广受好评

（4）在屠宰肉店贩卖的原创商品中，冷冻汤是卖得最好的。不浪费骨头，还十分环保（6.99美元/340克，10.99美元/567克）。

（5）在堂食区域您可以品尝到原创三明治。除了在滨海城市圣莫尼卡开设的店铺，还有6家连锁店。

店内以橙色和棕色为主基调

DATA

地址 / 1026 Wilshire Blvd., Santa Monica, CA 90401

☎ 424-744-8008

营业时间 /【屠宰区】周一—周五 9:00—20:00
（周六营业至21:00，周日营业至19:00）
【餐厅区】（午餐）周二—周五 11:30—23:00
（周六、周日营业自11:00开始）
（晚餐）周五、周六 17:00—23:00
（周日—周四 17:00—22:00）

休息时间 / 周一 http://www.belcampo.com/

牛肉的基础知识

1 牛肉的基础知识

日本的牛肉资讯

首先我们来复习一下日本独有的招牌牛吧。在和牛受到全世界瞩目的当今，住在日本的人们更应该对九种著名的牛有所了解。

以生产者名字冠名的著名和牛

尾崎牛

以宫崎的饲养大户尾崎宗春个人的姓氏冠名的尾崎牛。以自家调配的饲料喂养长大，有着独特的美味和香气，是备受瞩目的和牛品种。

摄影：尾崎牧场

前泽牛（岩手县）

指经过前泽区的养殖户悉心培育一年以上的黑毛和牛。人们对前泽牛的肉质、优良等级等有着严格的评判标准。客户能够通过小牛登记证等证件确认它们的出生地。

摄影：奥州市千泽综合支所产业振兴科

米泽牛（山形县）

经过米泽牛铭柄推进协议会认定的养殖户才能培育的牛。出生后经过32个月以上的培育才能够出栏。它有着纹路细致的霜降和无与伦比的脂肪，得到了人们很高的评价。

摄影：山形置赐农业协同组合

牛肉对我们来说太过平常，所以大多数人不会特意去学习和牛肉有关的知识。
不过，在精肉店、餐厅以及爱好者们中流传着很多牛肉的专有名词。
为了不连蒙带猜，不如现在就学习一些牛肉知识吧。

摄影：铃木裕介　插图：寺下南穗　摄影助理：rusteaks http://rusteaks.jp

仙台牛（宫城县）

在适合个体户的管理模式下，进行了登记的养殖农户们在宫城县培养出了茁壮的黑毛和牛。这种仙台牛的肉通常被评为A-5到B-5级。

摄影：仙台牛铭柄推进协议会

飞驒牛（岐阜县）

这种黑毛和牛的生产者需要在飞驒牛铭柄推进协议会的登录农家制度中登记，并精心培养14个月以上。肉牛的肉质等级通常在3～5级。

摄影：岐阜县畜产研究所

近江牛（滋贺县）

自然资源丰富，水资源优质的滋贺县养育出的黑毛和牛。如果牛肉的品质是最高级别，还会得到特别颁发的认定证明和贴纸。

摄影："近江牛"生产流通推进协议会

松阪牛（三重县）

指登录在"松阪牛个体识别管理系统"中，没有生产经验的母黑毛和牛。松阪牛因为肉质柔软，经常被用在大阪烧中。

摄影：松阪市役所农林水产科

神户牛肉但马牛（兵库县）

由神户牛肉流通推进协议会的会员悉心培育的但马牛经过严格筛选，在满足条件的但马牛中，通过更加严格的评定条件的牛肉才允许冠上神户牛肉的名号。

摄影：小代环境协会、但马牛迷你博物馆

佐贺牛（佐贺县）

由JA集团佐贺管内的农家培育，肉质等级在5～4级，脂肪混杂（BMS值）No.7以上的黑毛和牛。其霜降之美在和牛中数一数二。

摄影：JA佐贺畜产贩卖课

"和牛"究竟是什么？

- 日产牛
  - 和牛
    - 黑毛日本种
    - 日本短角种
    - 杂交牛
    - 无角日本种
  - 褐毛日本种
  - 奶牛（荷尔斯坦因种）
- 其他国家所产的牛（进口牛肉）

日产牛是指在日本国内培育3个月以上的肉牛的总称，不论品种。在日产牛中，和牛仅限于在国内出生、饲养的四种牛。当然，不满足上述条件，从其他国家进口的肉牛就是外国产牛，或者被叫作进口牛。

2

牛肉的基础知识

牛排熟度的称呼

在牛排店等地点餐时，服务员通常会询问客人牛排要几分熟。牛排的熟度有着详细的划分，您可以按照下面的照片来记住它们的顺序，选出您喜欢的熟度。顺便一提，最左就是生肉。

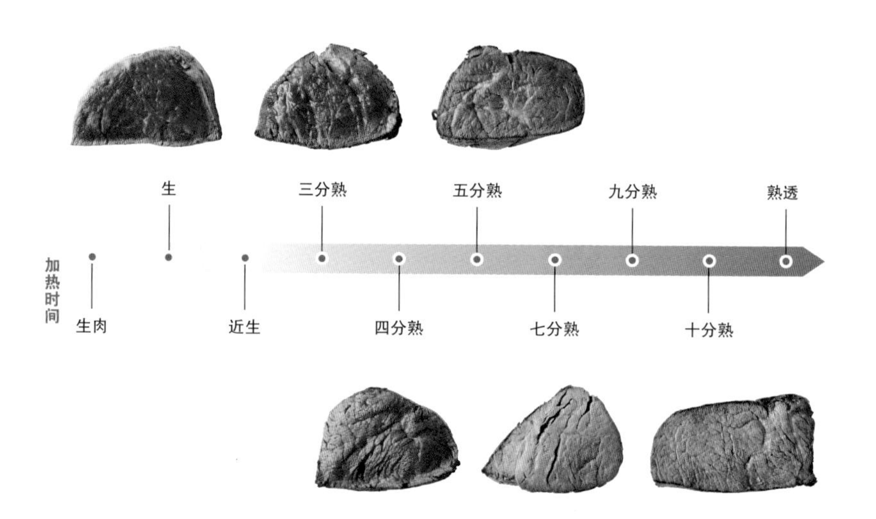

3

牛肉的基础知识

牛肉的等级

和牛的肉质应满足日本食用肉品级评价协会规定的商品规格，且是经过客观的评价评选出的。

A – 5

评判等级　　肉质等级

通过带骨肉的肋肉或脂肪的厚度等得出的评价等级（从高到低分为A～C）由英文字母表示，通过脂肪混杂（纹路）和肉的颜色等四大项评价得出的由数字表示肉质的五个等级分类。

4

牛肉的基础知识

世界的牛肉资讯

下面是由美国农业农村部提供的世界上主要畜牧国家和地区的牛肉供需量图表。从消费、生产、进口来看，美国是一个十分明显的食肉大国。此外我们还能发现，虽然澳大利亚的消费量和产量都不多，但是出口量能够进入世界前三，可见它的肉类输出也十分强劲。如果将目光放到日本，能够发现日本非常依赖肉食进口。

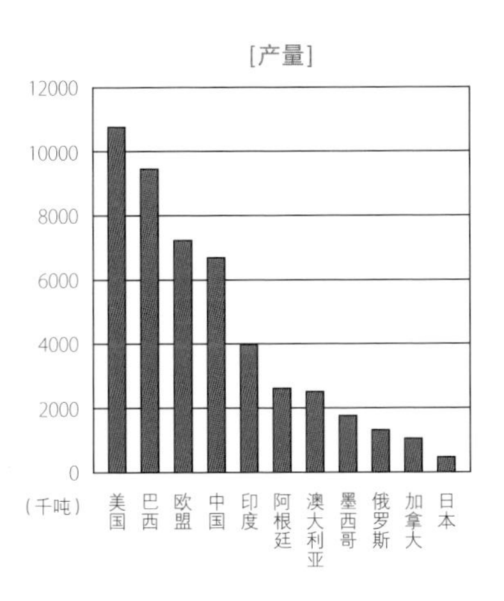

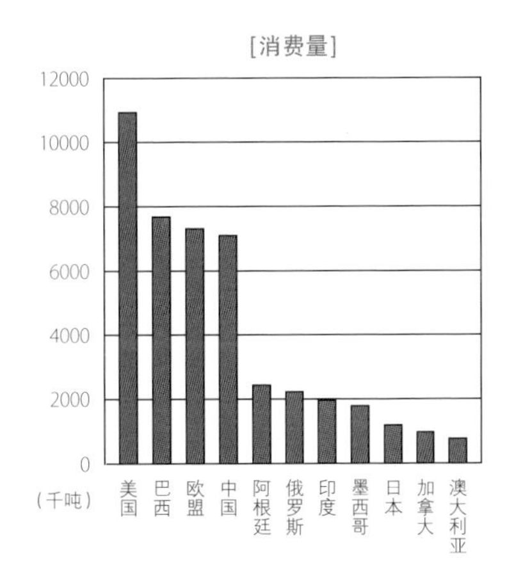

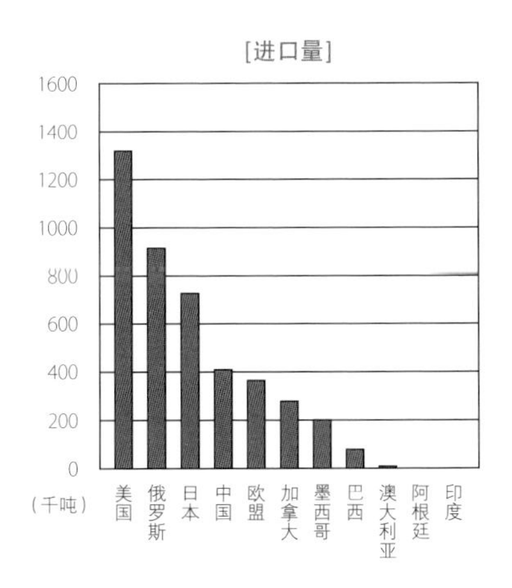

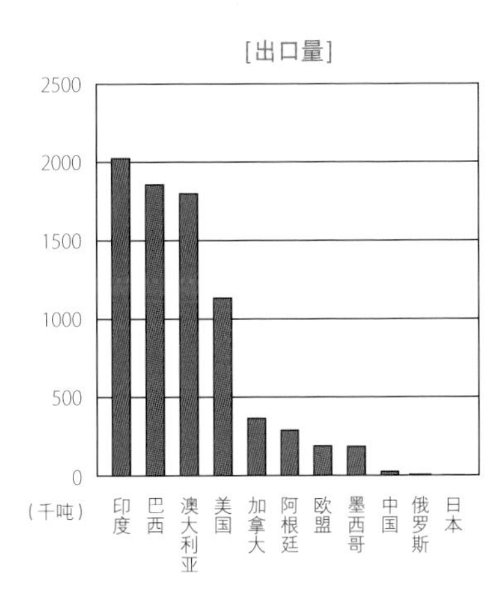

现在您将学到如今鲜有人知道的肉类的基础知识

“突击肉食问答”Q&A

您可能会认为牛肉就是肉的代表，那么对于牛肉您了解多少呢？
如果您真的是肉类爱好者，下面的问题您绝对不在话下。来做个小测试吧！

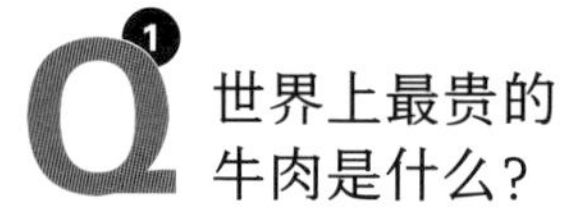

世界上最贵的牛肉是什么？

A。价值5000万日元的和牛！

由松阪肉牛共进会来评判松阪牛的品质。这虽然是生产者们将自己亲手饲养的牛肉摆上擂台竞争品质的大赛，不过在评选会后也会对牛肉进行估价，这所谓的“拍卖”环节被大家津津乐道。在第53届（2002年11月28日）评选上得到了优胜奖的牛肉是“YOSHITOYO号”，它以史上最高价5000万日元成交。虽然这个金额已经足够令人惊掉下巴，不过您要想到，这还只是拍卖的价格。之后这块天价牛肉之后还会在店内进行料理，等在餐桌上见到它时，价格还会再创新高。这样看来，它被称为世上最贵的牛肉也是当之无愧了吧。

被评为世界第一的牛肉是？

A。从一部电影中可以找到答案

得到肉食爱好者们所认可、备受关注的西班牙产的“Rubia Gallega”牛排曾被评为世界第一。在寻找“世界第一牛排”的纪录片《牛排革命》（*Steak Revolution*）中，导演法兰克·里比耶尔（Franck Ribière）和巴黎的精肉店店主伊夫-马利（Yves-Marie Le Bourdonnec）走遍世界，品尝了10个国家的牛排，最后认定了“Rubia Gallega”牛排的美味。它是西班牙的传统招牌牛排，不过在日本却鲜为人知。不过现在您只要记住这个名字就不算晚！

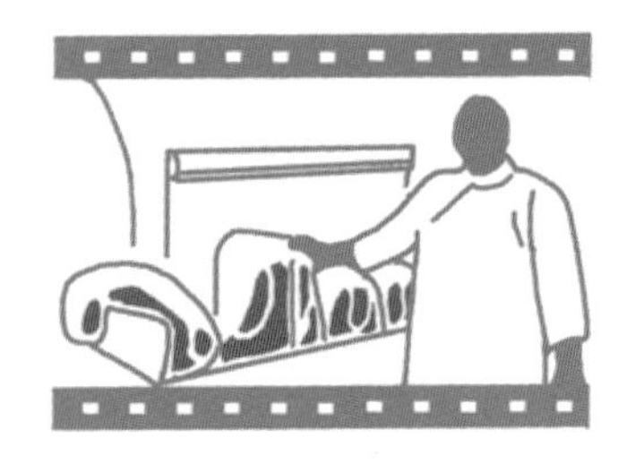

什么是“小牛肉”？

A。小牛肉是在欧美非常常见的高级食材

小牛肉没有牛肉特有的味道，它以肉质细腻、脂肪含量少以及口感十分柔和著称。在日本，人们对它的需求很少，所以也鲜有人进行生产。不过在欧美，比起一般的牛肉，小牛肉显得更加高级。在做法餐时，厨师们经常使用小牛肉，意式菜中它也经常作为cutlet无骨肉片出现。您在看餐厅的菜单中也能看到它被特地标注出来，与普通的牛肉并不会混为一谈。在法语中小牛肉被称为“Veau”，英语中叫作“Calf”。只要记住这两个词，出国点餐时就不会感到迷茫。

怎么没听说过“A5等级的美国牛排”？

A。美国有美国的评判标准

这种将肉类评级以英文字母标示，再加上用表示肉质高低的数字来表示肉类等级的方法是日本独有的。在美国，人们会将肉的品质划分为8个等级，您在日本可能能听到“Prime（极佳级）”“Choice（译者注：特选级）”“Select（译者注：优选级）”这三种说法。最高等级Prime级的肉只占所有肉中的5%，因其大理石纹路含量多、质量高而闻名。Choice级则是纹路含量、味道、软硬度都非常合适，而Select则是瘦肉较多，口感朴实又健康，不过它最大的优点还是价格实惠。

Q5 牛排和烤牛肉有什么不同？

A。烤的方式很不一样

如果只是看烤得鲜美诱人的肉表面和带有红色的横切面，您恐怕难以区分烤牛肉和四分熟的牛排的不同。不过实际上，它们的差别非常大。牛排是将肉放在高温的平底锅或者烤架上炙烤的，所以肉的表面虽然熟透，但是内里可能还是生的。而烤牛肉则是通过2～3小时的低温加热使得肉的内部也完全熟透，只不过不会明显变色而已。严格来说，烤牛肉追求的是让肉变成无限接近玫瑰红色的理想状态，而牛排则不是这样。

怎么储存牛排肉呢？Q6

A。一定要避免氧化

您买了一大块肉可能会吃不完。当然，最好是当日买的肉当天吃完，不过实在没有办法的话，我们可以从精肉店“TOKYO COWBOY”的肉食管理大师二宫先生那里打听一下怎么保存肉类。

“肉的品质会下降是因为氧化。没来得及食用的肉应该马上用厨房纸包裹起来，放入冷鲜袋中，使其在接近真空的状态下冷藏。当然肉肯定是刚买回来时最好吃，不过如果您用我这种方法保存，肉能在1周内都保持鲜美。”

生肉能不能直接拿来吃？Q7

A。当然不行！这非常危险！

从超市或者精肉店买回来的肉直接生吃是非常危险的。在牧场进行肢解作业时，动物肠内的大肠杆菌或者沙门氏菌可能还附着在肉上，除了这两种菌，生肉上还可能带有E型肝炎病毒及寄生虫。日本厚生劳动省曾经呼吁过大家，肉的中心至少要“用63℃加热30分钟以上，或者用75℃加热1分钟以上”才能吃。在餐厅中大家能吃到的生肉都是达到了严格的标准（环境、卫生标准或者烹饪标准等）才能端上餐桌的。

Q8 牛肉能拿来做高汤吗？

A。在法餐中牛肉高汤可是必不可少的

日本人平时吃到的高汤通常是昆布或鲣鱼制成的，对于牛肉高汤或许会比较陌生。不过在欧美用牛肉做的高汤可是非常常见的。尤其在法餐中，牛肉高汤影响深远，甚至有人曾说过，要看厨师的手艺就要看他如何运用高汤。使用了牛肉高汤的代表性菜品就是高汤（fond），而其中用小牛肉做成的小牛肉高汤非常有名。经常被加在浓汤里的“Bouillon”也是一种用牛筋、牛骨加上带有香气的蔬菜制成的高汤。用肉制成的高汤制作起来需要花费很多时间，还要不时将多余的浮沫和脂肪撇除，这就是用肉制作高汤的要点之一。

自家也可以做出熟成肉吗？

A。熟成的条件复杂，在家很难实现

熟成肉现在是流行宠儿，“熟成”这个词汇也自成一格，用法也变得暧昧模糊了。不过比起一般的生肉，熟成肉有着芳香醇厚的熟成香气，鲜味也大幅提升。要想做熟成肉一定要用带骨的大块肉才行。我们要将肉放置在恒温的冷藏库中，这样才能让肉中所含的酶将蛋白质分解成氨基酸，从而让肉变得更鲜美。所以，熟成必须使用尽可能没有受到损伤的大块鲜肉才行。像我们能买到的装入袋子里已经被切成小块的肉，即使把它们放进冷藏库中发酵，也无法像熟成肉一样产生更多的鲜味。

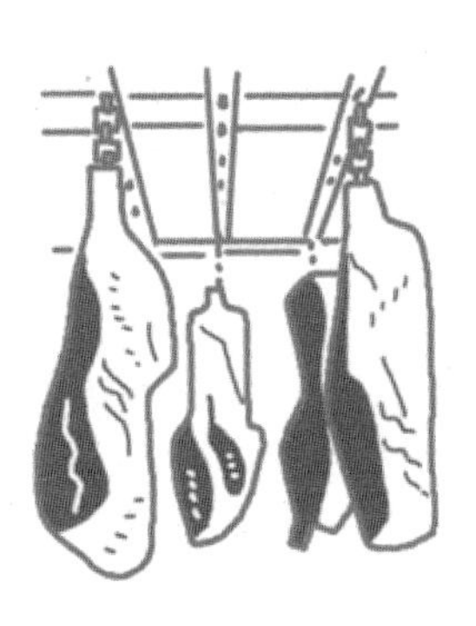

烧烤的技巧决定肉的味道

不同部位的正确烤制方法

现在有请员工木原秀一先生
用体力苑的招牌最高级肉——A5等级“处女牛肉”来教导我们如何烧烤。

我们的老师来自 ▶

体力苑

地址 / 东京都足立区鹿浜3-13-4
☎ 03-3897-0416
营业时间 / 17:00—23:00
周六、周日、法定节假日 16:30—23:00
休息时间 / 周二、每月第三个周三

肉的种类_1

牛舌

牛舌肉作为开胃菜广受欢迎。“它的肉质十分有嚼劲。客人们一般都是在空腹时点上一份牛舌作为开胃菜。不过若是您耐心、仔细地烤制牛舌，它会变得外焦里嫩、十分爽口。”

※图片所示的是“上牛舌”

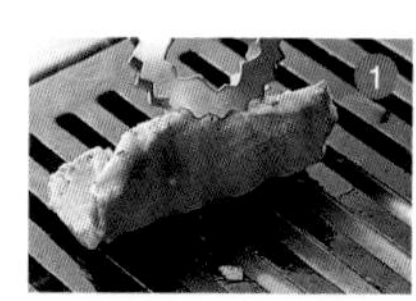

从一面开始烤肉，待到其变色后翻面，等背面也烤到变色后重复翻面烤制。在肉即将烧出烤痕的那一瞬间就是最佳食用时刻。

肉的种类_2

牛肋排

店主人曾经赞扬牛肋排是“肉中女王”，而它本身的颜值也的确能够承担此盛誉。这种有着细致霜降纹路的牛排肉“脂肪尤其美味。因为它的霜降纹较多，即使烤过也不会变硬。经过仔细烤制后，扑面而来都是脂肪的香气”，木原先生如此评价道。

※图片所示的是“特上牛肋排”

牛肋排要从单面开始烧烤，烤大概10秒后翻面。当反面也变色后，要注意不要让肉长期受热，同时多次翻面烤制，等肉的表面稍带有烤痕后即为完成。

肉的种类_3

赤身肉（腿肉）

赤身肉也被叫作“芯玉”，是内侧腿肉下方的部位，也是牛脂肪含量最少的地方。“因为这个部位霜降纹很少，所以烤久了会变硬。烤制时您只需让两面变得稍硬即可食用。”在体力苑，还会随肉附送芥末酱和生抽酱油，方便您搭配食用。

（1）将肉的一面烤制约10秒，等表面颜色改变就翻面。（2）背面的处理与正面相同。（3）当肉表面略带烤痕时即可食用。据说高级的肉吃起来不会塞牙。

肉的种类_4

横膈膜

横膈膜是体力苑中最受欢迎的部位。“这个部位多烤一会儿比较好。好的横膈膜既有纤细的纤维又有着美丽的霜降纹路，所以烤后也不会变硬。当所有霜降都融化后就代表烤好了。”

※图片所示的是“特上横膈膜”

（1）先烧烤一面，等烤出油脂就可以翻面了。（2）一边翻面，一边注意让肉的每一寸都烤熟。（3）等到肉完全熟透后就可以吃了。重点就是让肉没有生的地方，即完全熟透。

肉的种类_5

牛大肠

大肠是体力苑牛下水中的招牌部位。它的皮很厚，能够牢牢锁住肉的鲜味。但是从切口上看整块肉又显得十分清淡。“吃牛大肠您可以体会到皮和脂肪的绝佳平衡。烤制过后它的外皮熟透，油脂看起来会稍微少一些。”

首先我们要将它的皮烤熟，等到变色后就可以翻面了。烤制到脂肪稍微融化了一些的时候，将它多次翻面继续烧烤。等到它的两面都有些烤痕时，您就可以大快朵颐了。

肉的种类_6

牛肝

虽然牛肝没有什么水分，吃起来有点干，不过这点正是店主人中意的地方。即使您将盘子倒过来，体力苑的牛肝都不会从盘中掉落。这也是它吸引人的地方。“熟牛肝吃起来会有点甜，所以我认为烤制是最好的吃法。”

先烤制一面，当肉稍微变色后就可以翻面了。背面也充分加热后，将它翻烤几次，等到内部都熟透，没有红色的部分后就可以吃了。

肉烤好了，接下来是酱汁！

来探寻秘传的酱汁吧！

当您学会了烤制方法后，下面就来了解一下吃烤肉时必不可少的酱汁吧！
让我们来领悟一下酱汁的哲学，再听听制作时的小提示。

每天都精益求精
使酱汁更能激发出肉的美味

“体力苑”的调味料多种多样。而它招牌的酱汁都有着同一个基底，由此基底变化出各种蘸酱和调味酱。其中调味酱是以基底酱、盐、味噌制作而成，根据您下单的肉不同，还会加入各种食材，从而使得酱料味道更加复杂、深厚。让我们来介绍其中一些配方。有的酱料会将罗臼昆布碾成粉末，有的会将蛤蜊放入搅拌机搅碎成粉末再加入液体搅拌，还有用红酒和水果制成的酱汁，种类相当多。虽然制作酱料时选取材料花费的心血不比正餐少，不过店内的代表丰岛先生曾经强调过，“无论如何，酱料也只是配料而已。”

“总而言之，食材才是关键，酱汁只是能让肉变得更加美味的辅助。重要的是我们要不断尝试，力图使酱料精益求精。”

基底酱汁

使用“yamasa”牌酱油、大吟酿、溜溜酱油（或是寿司酱油），再加上混入昆布或酒发酵一个月制成的自制混合酱油、酒以及甜料酒，就做成了基底酱汁。在此基础上，厨师们还会加入蜂蜜等材料。“其实加入什么都可以。正是因为每家店的调味都不尽相同，才会成就该店独有的原创味道。”

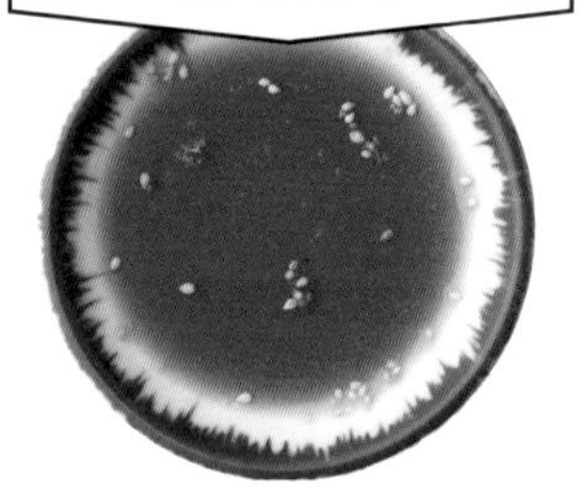

使用了最高级的奢侈素材！

混合酱油也是使用了“藏元小田屋”的割烹大吟酿，这是会出现在老字号高级料理店中的最高品质的酱油。

要点 与基底酱汁最配的是里脊肉等一般部位

和基底酱汁最配的就是牛肋排和里脊肉等。“有人爱吃调味烤肉，有人爱用蘸酱搭配烤肉。”

要点 在调味酱料中加入药味，还能增加香味

在店内，调味酱汁和蘸酱都是可以加入药味的。例如加入切碎的大葱或芝麻的话，能让香味更上一层楼。

要点 来学习基底酱料的黄金配比吧！

2：1：1

酱油：酒：甜料酒

味噌酱汁

要点 味噌酱汁的基底由两种味噌做成

4：3

白味噌 ： 红味噌

在两种味噌的基础上再加入酒、甜料酒、砂糖，用小火慢煮1小时以上，让酒精蒸发后加入少量辣椒。

要点 下水和味噌酱汁更配

"牛大肠和第四胃这种带有脂肪的内脏肉经过浓厚的味噌调味后吃起来会更加美味。"

在体力苑搭配牛大肠等下水食用的味噌调味酱汁中，光是味噌，厨师们就选用了"yamasa""marumo青木""信州"等7家不同品牌的产品。"内脏肉调味成咸味可不行，要甜辣口的才最好吃。"

除此之外还有这样的搭配

盐

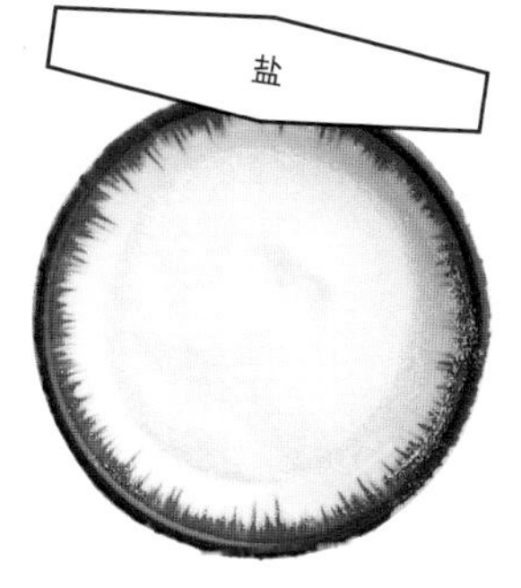

芝麻盐酱汁

大蒜酱油

除了上面我们介绍的酱汁，体力苑还会根据您食用的部位不同为您准备各种各样的酱汁。比如肝的话，餐厅会推荐您食用以新鲜剥好的大蒜配合酱油做成的"大蒜酱油"，或是最高级的"太白芝麻油"，抑或是用数种盐混合制成的"芝麻盐酱汁"。除了这几样，店里还有用芥末和生抽酱油制成的"山葵酱油"等。"只蘸着没有精炼过的盐食用烤肉，就能明显地品味出肉品质的高低。如果您想搭配米饭吃肉，推荐您搭配蘸酱汁。如果您把烤肉当下酒菜吃的话，蘸盐是最好吃的。"雅信先生说。

PORK
猪肉篇

这就是
黑色外皮
的豚活
(炸猪排)!

猪肉的新挑战

本章会介绍令人不禁高呼“猪肉真好吃”的料理。
喜欢猪肉的人们啊，让我们聚集于此，前往那片净土吧！

摄影：辻嵩裕

猪肉的
圣地涿屋

涿屋

(第81页图)从初天神的西门进入，穿过东门店，在左手边就可以看到店面。(第80页图)将猪肉用黑色章鱼墨汁面包糠包裹后放入低温仔细油炸30分钟，就会变成这样漂亮的粉色。充分熟透的肉片依旧柔软多汁，这就是“豚活菲力”(180克/2700日元)。

DATA
地址 / 大阪府大阪市北区曾根崎2-5-37
☎ 06-6361-1110
营业时间 / 18:00—24:00
休息时间 / 周日
(若连休包含周日则法定节假日也暂停经营)

以悲剧作为转机诞生的黑色外皮炸猪排

大家所说的“初天神”神社的正式名称是“露天神社”。因为作为近松门左卫门所著的人形净琉璃（译者注：日本传统人偶剧的一种）剧目《曾根崎心中》的舞台而被人们所熟知，并且吸引了众多的游客前来参观。而就在经过初天神社后的那条细细的小巷中，就可以找到猪肉料理专营店“涿屋”了。店名的这个“涿”字有着“鲜嫩欲滴”的意思，店主正是希望这里的料理能“令人垂涎欲滴”，于是选择了其作为品牌名。

店铺开业是在17年前。当时的老板桥口拓矢先生28岁。在开设店铺前，他作为高楼大厦的玻璃清洁工一直勤勉工作，积攒了不少业绩。然而，悲剧发生了。有一天他脚下一滑摔了下去，头盖骨也摔破了。他当时便昏迷过去，在生死边缘徘徊了2周左右。“当时发生的事情现在我完全不记得了。醒来的时候整个人都是慌的。”桥口先生这样说道。在他全身受伤、暂时失业的时候，他听说了朋友开了一家炸猪排店，于是决定去吃吃看。本来桥口先生对美食也情有独钟。不过之后那位朋友转换了经营方向，转而在别的地方开设了一家酒吧。而桥口先生代替前店主开始经营炸猪排专营店。这就是“涿屋”的创始故事。

1

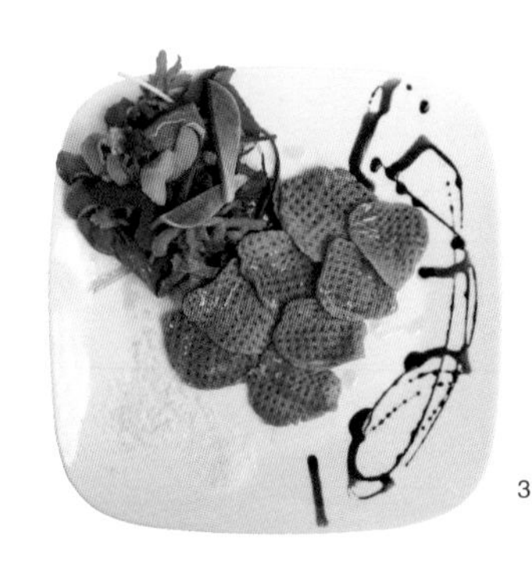

3

2

（1）这道料理使用了有着霜降纹路的猪颈肉。这道“嫩烤猪肉”将猪肉充分加热，并且将多余的油脂去除，能让人充分享受肉本身的美味和口感。

（2）这道“烟熏肉拼盘”（1944日元）将为您充分展现经过大约10天的工序制作而成的里脊肉、肩里脊肉、腰盘肉的美味和香味。

（3）经过盐的腌渍，然后进行了加热处理的菲力肉排。每当您咬下一口，醇厚的美味就在口中扩散开来，这就是这道“白汁红肉”（1620日元）。

(1)“豚活”即使是直接食用也足够美味，不过撒上德国产的岩盐后，肉的甜味会更上一层楼。

(2)加入了特制面包糠，面包糠是由方形面包和墨汁面包以2:8的比例混合而成。

(3、4)老板桥口先生为自己独特的“豚活”严格把关，精心挑选出适合的猪肉，并选择合作肉店，根据订单进货。

和炸猪排非常搭配的烧酒

(1)老板十分推荐的是这瓶“萨摩寿樱”(648日元)。

(2)加入白麹酿造而成的有着浓烈口感的“寿”(一杯540日元)。

(3)被称为极品芋头烧酒的“真鹤”(1杯756日元)。

桥口先生并不是经过专业培训的厨师。所以关于料理的一切知识都是他自学而成的。而他本来就有着匠人般的思考方式，对于事物也有着自己的坚持和精益求精的执着。当年，墨鱼汁料理非常盛行，桥口先生在某个酒店中偶然发现了墨鱼汁面包，于是将其做成了面包糠，并用它尝试制作炸猪排。他发现，墨鱼汁独特的味道和猪肉十分合拍，二者能够产生出浓厚的美味。之后他又进行了无数次的尝试，终于制作出了这道有着黑色外皮、看起来十分有冲击力，同时味道也有所保证的炸猪排。

后来他将这道炸猪排命名为“豚活”，并且作为招牌菜，于2000年1月15日开始经营餐厅。“明明没有什么餐饮业的从业经验，现在看来真是冲动啊！”

（3）加入了大约180克的“菲力活”（这里的“活”就是炸猪排的意思，后面一道菜同）、番茄等材料，佐以以芥末酱为基底的酱料制成了这道“活面包”（3280日元）。

（1）使用了巨大折扇等物件装饰而成的和式空间。外国游客对这样的装潢好评如潮。店内只有10桌可以招待客人，所以来店消费前推荐您先预约。

（2）加入了墨鱼汁、风味饱满的原创“墨鱼汁方面包”（1620日元）。

自学料理知识，反复研究制成的猪肉料理备受瞩目

这之后墨鱼汁料理的热度也逐渐退去，之前制作墨鱼汁面包的那家酒店也停止了面包的生产。

“这样可就做不成生意了。于是我自己研究了墨鱼汁面包的菜谱，自己制作。”

桥口先生自家生产的墨鱼汁面包加入了猪油和橄榄油，有着浓厚的口感，品尝起来也十分柔软。而作为面包糠制作油炸料理的时候，能够充分引出食材的美味。但他并没有满足于此，而是更加精益求精，直到今日仍不断学习着关于食材的烹饪技法和知识，同时进行着研究。

就这样，从不断发展进步的“豚活”开始，至今桥口先生已经研究出了约13种猪肉菜品。能一下子抓住人心的独特料理经过人们的口口相传，从而让这里成了不预约就排不上队的人气店铺。

教教我们

专业的生姜烧

PORK

猪肉篇

DATA

Ginger先生

在博客“恋上生姜烧”中记录了这10年来他所品尝过的数千道生姜烧肉。在美食博客全明星云集的“品尝王”中他也主要负责品鉴生姜烧肉。http://shogayaki.com/

孤高的“生姜烧之王”Ginger先生所盛赞的生姜烧。由终极菜单制作而成的四种美味全部亮相！

摄影：大畑阳子、加藤史人、八木龙马

老店独有的怀旧美味

店铺 1

新川津津井

Shinkawa Tsutsui

材料（1人餐）

猪肉里脊薄切片…3片
酱油…30毫升
酒…90毫升
生姜…1小块
猪油…适量
黄油…适量

装盘搭配

菜花…适量
西蓝花…适量
胡萝卜…适量
芦笋…适量
奶油凉拌土豆丝…适量

我们使用纯日本产的大和猪肉。将肉切成4毫米的薄片，为了让最后的肉不至于收缩，将较硬的肉纤维和筋腱切除。

酱汁只需用到酱油、酒、生姜。为了让整体更易入味，将生姜丢入食品加工机中打碎。

酱汁制作完成后用滤网过滤。为了使口感更加顺滑，我们特意不留下生姜的纤维。

为了保持肉的柔软和食材的鲜美，切肉和加酱汁调味都要等到下锅前再进行。

津津井的特色就是使用猪油和黄油来烹饪。为了将酒精蒸发，我们使用大火加热。

一边翻炒一边让酱汁入味。因为使用大火烹饪，时间缩短，香味会更加芬芳四溢。

将煎熟的肉装盘后，将酱汁再多焖煮一会儿，使得香味和醇厚口感更多几分。

将适量酱汁倒在肉上，即为完成。搭配装盘的配菜。酱油略带着生姜的香味，让猪肉更加美味诱人。

DATA

新川津津井

地址 / 东京都中央区新川 1-7-11
☎ 03-3551-4759
营业时间 / 11:00—13:30
17:00—21:00
周六 11:00—13:30
17:00—19:30
休息时间 / 周日、法定节假日

津津井是始创于昭和25年（1950年）的老牌西餐店。在Okura Hotel等地进修法餐的第二代主厨越田健夫先生如今正是大显身手的时候。他不惜花费时间，执着地坚守着传统的烹饪方法，虽然料理方法简单，但味道却令人惊艳，这点正是其绝妙之处。而生姜烧肉的配方继承了创业时的配方并发展成了辣口的“猪肉生姜烧肉”（1566日元）和甜口的“猪肉姜汁肉”（1566日元）两种。

菱田屋

Hishidaya

定食店制作的理想的生姜烧肉

（定食指日式套餐，因一套中每道菜都有着标准分量，所以称作定食。）

得到了东京猪肉爱好者们一致好评的生姜烧肉居然只需要750日元（套餐1130日元）。

材料（1人餐）

生姜…1小块
大蒜…和生姜同样分量
酱油…1大勺
色拉油…1大勺
砂糖…1大勺
猪肉（肩里脊肉薄片）…250克
洋葱…适量

装盘搭配

意大利面沙拉…适量
卷心菜（切碎）…适量
小番茄…适量
西芹…适量

将生姜和大蒜擦成末，加入酱油和砂糖，制作酱汁。不必将生姜和蒜切得非常细腻，这样可以保留它们的口感。

将一大勺色拉油（具体分量按照具体需求改变）倒在平底锅底，用大火加热。当油热后，将猪肉一片片放入锅中。

在放入猪肉片后马上放入洋葱，一起炒。洋葱要顺着纤维走向，切成薄薄的细丝。

为了不让肉烤焦，一边颠锅，一边用大火持续翻炒。

为了防止肉部分烤焦以及让肉质更柔软，将盖子盖上3秒左右再打开，重复数次。保持大火。

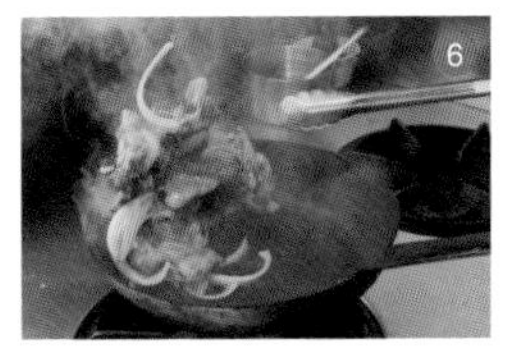

如果用锅一直加热，肉质会变硬。可以用夹子等翻炒。如果肉还没有熟，可以继续盖上锅盖，反复焖烤。

将在步骤❶里做好的酱汁放入平底锅中翻炒，使其入味。

等酱汁都包裹了肉片就马上关火。酱汁如果烧焦了，这道菜就算是做失败了。总之动作一定要快速敏捷。

将肉和其他摆盘配菜装在一起，就大功告成了。从开始炒到完成只需要3分钟左右。成品看起来满满当当、相当美味！

DATA

菱田屋

地址／东京都目黑区驹场 1-27-12
☎ 03-3466-8371
营业时间／11:30—14:00 18:00—22:00
※ 周六只有夜晚营业
休息时间／周日、法定节假日

虽然写有菜单的黑板上并没有出现生姜烧的字样，但是这反而证明了它是招牌菜。因为即使不写出来，人们也都知道菱田屋会卖生姜烧。因为店铺地处学校附近，料理的分量很大。生姜烧使用的是肩里脊肉中脂肪分量适中且柔软的部位，因此它是大受欢迎的菜品。

令人难忘的、无比怀念的味道

店铺 3

Boys Curry

Boys Curry

材料（1人餐）

猪肩里脊肉厚切片…2片（100克）
低筋面粉…适量
生姜（擦成细丝）…1小块
酱油…15毫升
色拉油…适量

酒…18毫升
甜料酒…18毫升
水…18毫升

装盘搭配

那不勒斯意面…适量
卷心菜…适量
生菜…适量
番茄酱…适量

在平底锅底倒入色拉油，热好锅，在煮好的意面中加入番茄酱，制作那不勒斯意面。

将那不勒斯意面、切碎的卷心菜和生菜放入盘中，将猪肉片整片放入低筋面粉中，裹满面粉。

将猪肉片带脂肪部分朝外，放入热好的平底锅中，开大火。

当炸至金黄色时翻面，继续用大火煎炸。表面和背面的油炸时间比例大概是7:3。

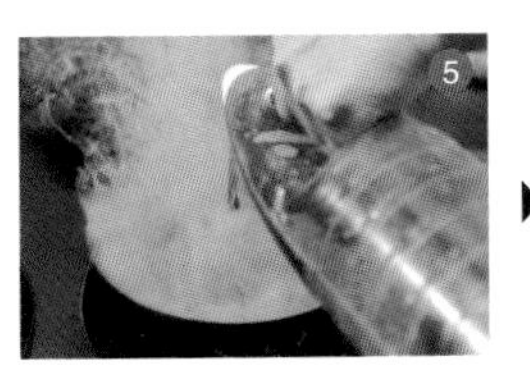

倒出多余的油，将生姜、酱油、酒、甜料酒、水倒入锅中，制作酱汁。

当酱汁和肉充分混合后就可以装盘。将锅中剩下的酱汁浇在肉上就大功告成了。

DATA

Boys Curry

地址 / 东京都千代田区神田神保町 2-4
☎ 03-3263-1898
营业时间 / 11:00—20:00
周六营业至14:00左右
休息时间 / 周日、法定节假日

“Boys Curry”在餐饮业竞争激烈的神保町营业。虽然是一家咖喱饭餐厅，但是最有人气的却是生姜烧，真是不可思议。不过只要吃一下就会知道其中的理由。切得厚厚的里脊肉被大火迅速炒熟，浇上略甜的酱汁，令人安心的美味让人每天吃都吃不腻。同时也请务必品尝他们家满满洋葱的咖喱。

Blue Garden

Blue Garden

原创酱料和猪肉的搭配绝妙无比

材料（1人餐）

猪肩里脊肉…3片
小麦粉…适量
特制生姜酱…适量

装盘搭配

卷心菜丝…适量
美乃滋酱（蛋黄酱）…适量

将小麦粉放入平底盘中，将3片猪肩里脊肉放入其中，使双面蘸上小麦粉。然后轻拍肉片，将多余的粉抖掉。

将油烧热，把猪肉片并排放下，用大火煎烤一面。煎烤至变色，无须颠锅。

将猪肉翻面，为了不将肉烤焦，将火调小，从此面煎烤肉片直至中间也熟透。

加入由酱油、芝麻油、芝麻、大葱、大蒜、生姜以及神秘酱料豆瓣酱制成的特制生姜酱。

颠锅，使得猪肉充分蘸上特制生姜酱。然后将猪肉片翻面，使另一侧也蘸满酱汁。

当猪肉片全部裹上酱汁后即可出锅。用盘子装好猪肉后淋上锅里的热酱即可端上餐桌了。搭配卷心菜丝和美乃滋酱食用。

DATA

Blue Garden

地址 / 东京都涩谷区神宫前 1-15-4
☎ 03-5772-3770
营业时间 / 11:00—23:00
休息时间 / 全年无休
http://bluegarden.jp/

从喧闹的原宿转身进入一条小巷，就能看到这家“Blue Garden”了。生姜烧是这家潇洒脱俗的店自创业以来的招牌菜品。把猪肉炒熟后加入的特制生姜酱才是这道菜的重中之重。其中更是加入了神秘酱料豆瓣酱，使得它多了一丝绝妙的麻辣，这样的美味能让人在不知不觉中就将整碗饭一扫而光。

PORK

猪肉篇

惹人怜爱的

炸火腿排的世界

让我们来缔造
在油炸食品界也独树一帜的
朴实无华却内涵丰富的风格

摄影：Aratajun　制作：竹中纮子

将炸火腿排科学化

炸火腿排究竟怎样做才是最美味的呢？让我们改变火腿的种类、面粉的粗细度、油的温度、切片的厚度等来做实验吧。

科学实验 1 虽同是火腿，但也不尽相同

虽然都叫作火腿，不过火腿也有着不同的种类和各种各样的特性。现在就让我们为您介绍一下生活中经常吃到的各类普通火腿、高级火腿，以及第一次被用作炸火腿排的衍生火腿。

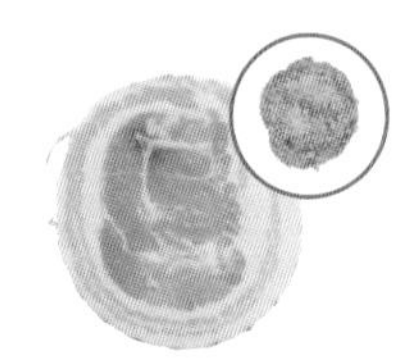

腹肉火腿

使用猪腹肋肉（五花肉）制成的火腿。因为脂肪含量丰富，口感多汁柔软，一口咬下，油脂的甜味会在口中扩散。

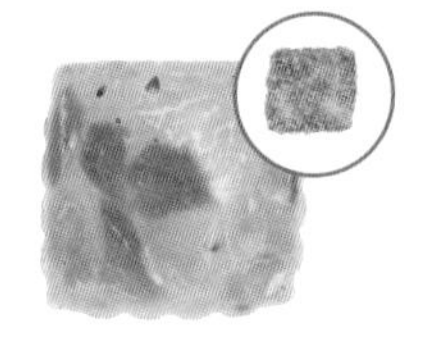

压制火腿

将肉块拼接混合，然后放入模具中压制而成的日本独有的火腿。令人怀念的味道会不禁让人沉湎于回忆之中。

里脊火腿

使用猪背部的肉（里脊肉）制作而成的火腿。肉的纤维十分细腻，并且有着适中的鲜美脂肪，柔软的口感堪称极品。

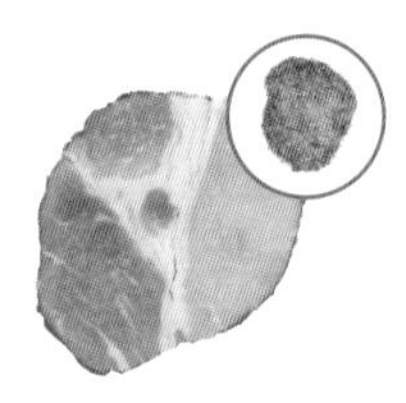

肩肉火腿

使用猪的肩肉制作，经过加工和整形，做法和里脊火腿一样。特征是红肉较多，有着猪肉本身的味道。它和一直以来我们吃惯的炸火腿排的味道完全不同。

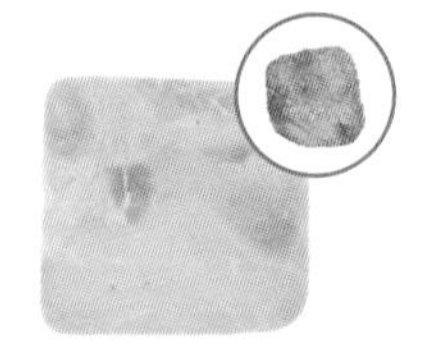

无骨火腿

使用了猪腿肉制作而成的火腿。因为使用的是“没有骨头的腿肉做成的火腿”，所以用“无骨”来命名。其口感非常清爽。

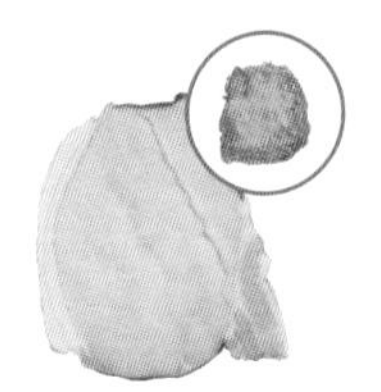

里脊肉培根

虽然是培根但是也被我们拉来参加比拼。由里脊肉加工而成，脂肪含量较少。它那类似生火腿的柔软口感和浓烈风味使得它在众多肉制品中脱颖而出。

科学实验 2 寻找您中意的面粉

提起炸火腿排，可能大家都觉得火腿才是重中之重，但是实际上决定口感如何的关键是面包糠。我们追求的是吃起来能发出让人心情高涨的"咔嚓"声并且口感优良的炸火腿排面衣。

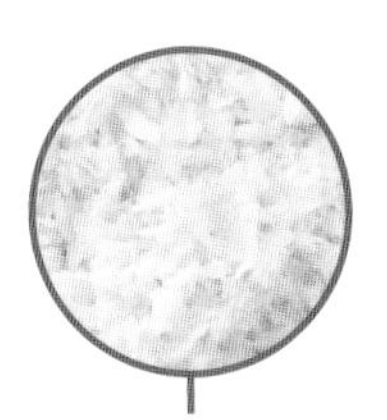

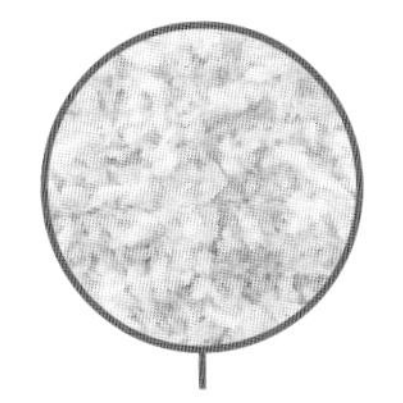

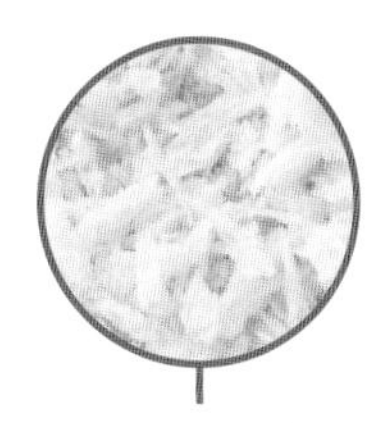

生面包糠

用特制的漏网将生面粉打碎后不用任何加工手段，直接利用生面粉。口感十分柔软，成品也较为正宗。

细面包糠

在炸可乐饼或者炸猪肉串时经常会用到这种较细的面包糠。优点是食材很容易熟透，也容易把油沥掉。

粗面包糠

使用较粗的面包糠，可以让整体看起来很有分量。代表菜品就是炸猪排，吃起来清脆爽口。

科学实验 3 把握好油的温度

想要做出成功的油炸食品，关键就是要掌握油的温度。我们这里将厚度5毫米的火腿分别用130℃的低温和180℃的高温油炸。

低温130℃

放入油中，炸火腿排的周围就浮起了一层细小的气泡。油炸时间大约是11分钟。包裹在中间的火腿收缩变小，能够吃出油的感觉。

高温180℃

放入油锅后很快就有了大片的气泡。油炸时间大约是3分钟。能够闻到火腿的香气和美味，比起低温炸出的火腿，口感更加清脆。

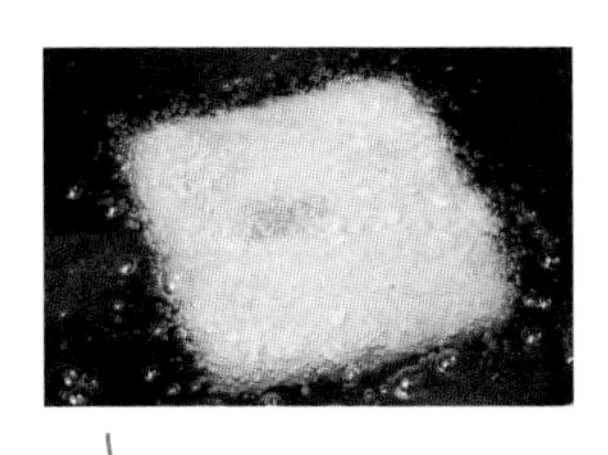

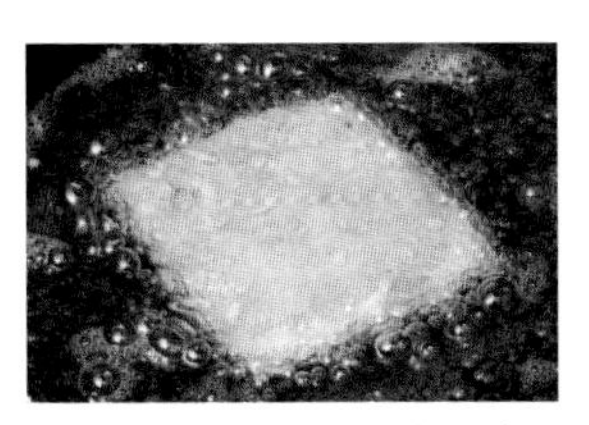

炸好的火腿！

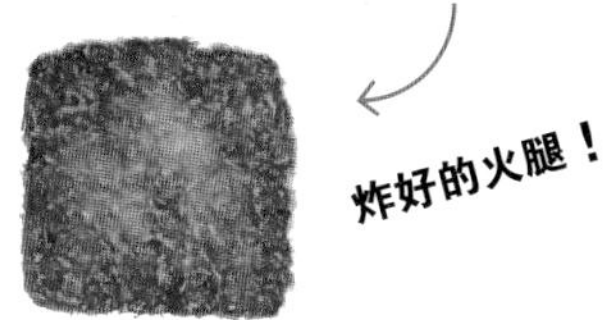

炸好的火腿！

科学实验

您喜欢厚的还是薄的？

是轻便易入口的薄片比较好，还是如同牛排一样厚厚的比较好呢？我们这次将1～10毫米的压缩火腿分别油炸了一遍，让您选出最爱的一种。

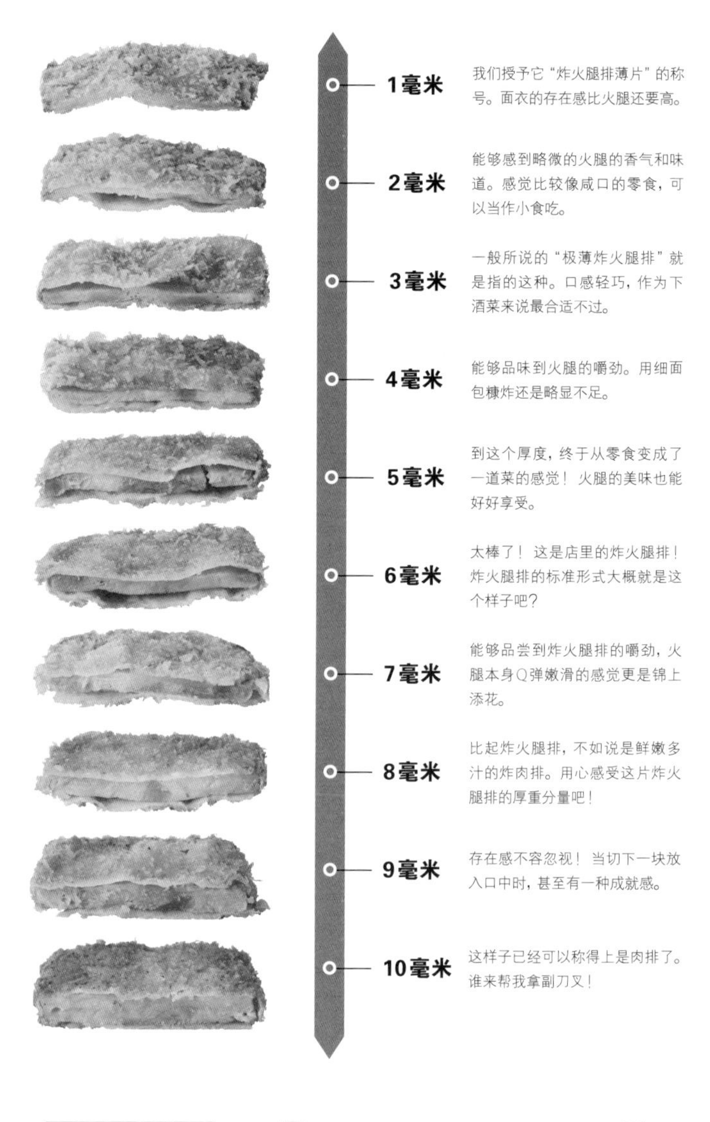

最棒的
炸火腿排
是……

压制火腿+粗面包糠+6毫米

我们最终选出的是用厚度6毫米的压制火腿以高温油炸而成的炸火腿排。面包糠要较粗的。火腿片和面衣的平衡也是重点。

科学实验

最为合适的酱汁是这个!

说起炸火腿排的调味料大家都会想到酱汁。于是我们调查了市面上贩卖的最合适搭配炸火腿排的5种酱料。最好的炸火腿排就应该配上最好的酱料!

大阪烧酱料

酸味和咸度较淡，口感更加黏稠。从味道上来说还是最为搭配大阪烧。

炸猪排酱

将蔬菜、水果慢慢酿制，再加上醋和香料充分熟成制成。这款酱汁和面衣的搭配度超高。

炒面酱料

在伍斯特辣酱油的基础上再加上一些美味调料制作而成的酱料，能够使炸火腿排的美味锦上添花!

伍斯特辣酱油

能够品尝到蔬菜水果的香味，爽口的辣酱也有着十分独特的风味。

中浓酱

有着适度的黏稠感，稍辣的口味加上柔和的甜味可以让人获得双重的享受，是万能的酱料。

瞄准炸火腿排！

炸火腿排就是摇滚

将热乎乎的肉放入口中时不禁感到振奋。
看到炸到棕色的火腿排，心跳也开始加速。
多么令人满足的炸火腿排！

摄影═加藤史人

在面衣中隐藏着摇滚之魂
炸火腿排就是摇滚！

炸火腿排不是什么名菜，被讨论的也不多。

“虽然这道菜不怎么起眼，但是正因如此，才能品尝出专业的技术，炸火腿排有着非常接地气的狂野气息呢。”“市中心布基伍基乐队”（Down Town Boogie-Woogie Band）的相原先生和卡罗尔这样评价炸火腿排。炸火腿排中隐藏着摇滚之魂。若是打比方的话，重金属有些太过喧闹，民谣又不够味道。最合适的就是带着乡土味，黑人蓝调的街头摇滚乐。我们这里请到了经营摇滚乐酒吧“d.m.x”的老板，他从炸火腿排中感受到了摇滚之魂，并为我们推荐了以下的唱片。

奥蒂斯·雷丁
（OTIS REDDING）
THE DOCK OF THE BAY

这是雷丁在飞机失事前3天收录的曲目，也是专辑的命名曲。在他去世后这首曲子风靡全美，同名专辑也是集合了他所有录制曲目的遗作。

凡·莫里森（Van Morrison）
moondance

这是爱尔兰摇滚乐队THEM的凡·莫里森所作的第三首曲子。他25岁时发售的这张专辑被硬核的音乐发烧友们评价为“所有曲子都是精品”。

穆迪·沃特斯（Muddy Waters）
ROLLING STONE

这是被称为“芝加哥蓝调之父”的沃特斯去世后发售的稀有原音编辑版专辑。被收录其中的这首专辑命名曲改编版本成为“滚石乐队”名字的由来。

荒原狼乐队（Steppenwolf）
BORN TO BE WILD

虽然乐队有着浓厚的美国南部风格，不过荒原狼其实是加拿大乐队。在电影《逍遥骑士》（*Easy Rider*）中出现的这首专辑命名曲在当时斩获了不少人气。

滚石乐队（The Allman Brothers Band）

LET IT BLEED

在制作过程中布莱恩·琼斯离开了乐队并且死于非命，这张过渡时期录制的专辑堪称是摇滚的金字塔。一句“这首歌一定要大声放出来（This Record Should Be Loud）”，闻名世界，一切尽在不言中。

奥尔曼兄弟乐队（THE ALLMAN BROTHERS BAND）

THE ALLMAN BROTHERS BAND

这是奠定了南部摇滚（Southern Rock）基石的奥尔曼兄弟乐队发售的最早的录音室专辑。其代表曲目“*Whipping Pos*”也收录其中。

鲍比·沃玛克（BOBBY WOMACK）

HOME IS WHERE THE HEART IS

鲍比·沃玛克是美国南部代表性的歌手。而这张专辑是在著名的Muscle Shoals Sound Studio录制的名作。

阿尔·格林（AL GREEN）

LET'S STAY TOGETHER

阿尔·格林作为20世纪70年代南方灵魂乐（Southern soul）的领军人物，在音乐之路上精益求精的心血之作就是这一张著名专辑。它也将南部灵魂乐引向了全新的境界。

大门乐队（The Doors）

LIGHT MY FIRE

作为单切曲（单切=Single Cut，指在一张专辑中只收录1～2首经典曲目）这首专辑封面曲也是震撼全美的The Doors的处女专辑。其革新的歌词搭配独特的曲调和外观使得这张专辑也成为反战的标志。

B. B. 金（B.B.King）

Live in Cock Country Jail

这张专辑中还收录了这位蓝调之王在1970年于芝加哥监狱慰问演出时现场演唱的版本。炙热的情感和柔情的歌声直击人的心灵。

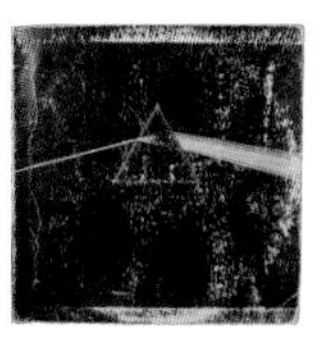

平克·弗洛伊德（PINK FLOYD）

The Dark Side Of The Moon

这张迷幻摇滚（Psychedelic Rock）的著名专辑在1973年退出后就使得全世界为之一振。它描绘出了人的内心所隐藏的“疯狂”（日本的译名）。

吉米·亨德里克斯（Jimi Hendrix）

Electric Ladyland

这张是这位吉他之神在世时发表的最后一张专辑。吉米作为黑人音乐家在这张专辑中充分展示着自己的个性，是他集大成性质的最高杰作。

史提夫·汪达（Stevie Wonder）

TALKING BOOK

这是宣告了这位盲人音乐家进入全盛期的专辑。杰夫·贝克（Jeff Beck）和小雷·帕克尔（Ray Parker Jr.）等名人也参与其制作，该专辑在推出后第二年就获得了格莱美奖。

FREE

Fire And Water

这首曲子是这个英国老牌蓝调摇滚乐队的第三张作品，也被誉为是他们的最高杰作。这首曲子的高深让人难以相信乐队成员当时的平均年龄只有20岁。

克里登斯清水复兴合唱团（Creedence Clearwater Revival）

Pendulum

乡村摇滚（Country Rock）先驱者CCR最初的元老们推出的最后作品。除了代表作“*Have You Ever Seen the Rain?*”，还有很多并不知名的佳作。

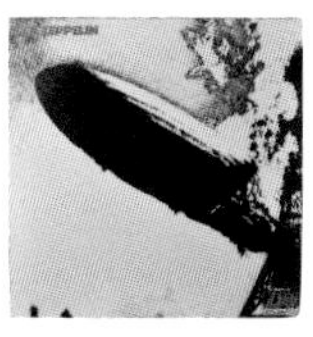

齐柏林飞船（Led Zeppelin）

LED ZEPPELIN

这张专辑被称为是“以蓝调为基调的硬摇滚（Hard Rock）”。在推出后虽然很快遭到了批判，但是现在美国国内已经售出了800万张左右。

DATA

VELVET OVERHIGH'M d.m.x

地址 / 东京都新宿区新宿2-14-13 1层 ☎ 03-5379-3220

营业时间 / 18:00—第二天6:00左右 休息时间 / 全年无休

出行路线 / 东京地铁、都营地铁新宿三丁目站C7出口出站后徒步4分钟

PORK

猪肉篇

令人骄傲的日本生火腿

让我们再次探索日本产生火腿的魅力！

现在为您呈现的，是不会输给意大利产或西班牙产的优质生火腿。

摄影：加藤史人、野田真

要想生产生火腿，绝对不能缺少四季分明的气候环境。秋霜、冬雪、春风、夏阳，连每一阵吹过工厂的风都会在生火腿上留下痕迹。

日本最棒的生火腿
就在秋田县的森林之中

探寻日本生火腿的制作流程

在秋田县的森林中
孕育出了让全日本的美食家、
厨师都魂牵梦绕的秋田生火腿。
让我们来探寻延续了30年的
日本生火腿的发展轨迹吧！

DATA

GRANVIA 生火腿工坊

地址 / 秋田县仙北市田泽湖生保内下高野71-149 GRAVIA生火腿工坊
营业时间 / 来访前请提前预约
http://www.granvia.jp

(1)熟成库中保持着15℃～20℃的温度和60%～70%的湿度。在这里生火腿会进行16～18个月或者是30个月以上的熟成。
(2)工作人员会在肉中插入签子，检查有没有腐坏的肉。
(3)秋田和西班牙的马德里基本位于同一纬度。而昼夜有温差的地方适合制作生火腿。
(4)肉中的脂肪慢慢渗出，而这也会使肉质变得更加紧致。这样的过程不断重复，让美味也愈发累积。
(5)金子先生在生火腿教室主持讲座时的照片。
(6)全国的厨师都会来这里订购生火腿。

准备工程

开始制作生火腿的时间一般是在11月下旬到次年3月下旬。
不使用任何人工打造的环境，每年能够制造出1200根左右的火腿。让我们来看看制作过程是怎样的吧！

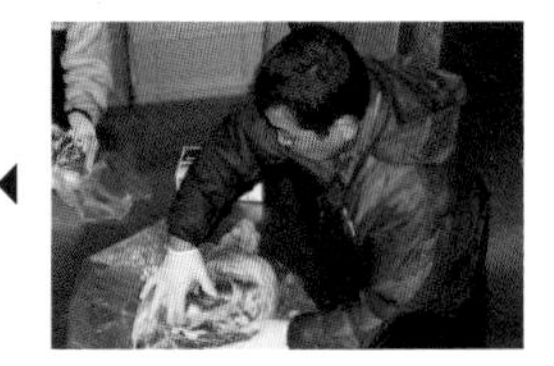

放血

现在一般使用的都是秋田县产的三元猪。在放血的这道工序中，只要有一丁点儿的血还留在肉中，日后都会变成腐坏的源头。

腌制

用日本产海盐腌制火腿。为了符合日本人的口味，盐的分量并不会很多。我们坚持只使用盐这一种保鲜剂。

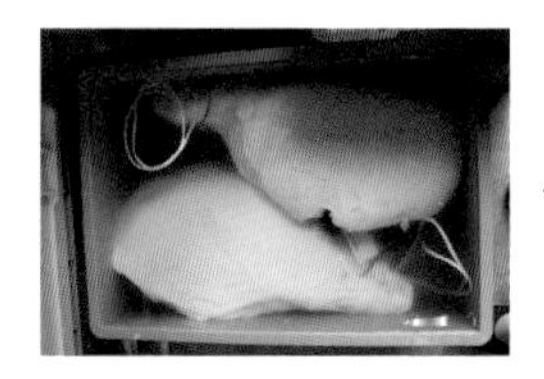

脱水

将火腿放进水中，使得多余的盐分溶解，用水认真清洗。在4℃左右的环境下，使其干燥数月，之后再进行熟成工作。

金子先生做出的生火腿可以在这里买到！

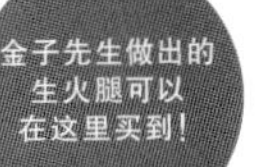

DATA

CERVECERIA GRANVIA

地址／东京都港区赤坂 6-4-15 City Mansion 赤坂 1层

☎ 03-6277-8621

营业时间／11:30—14:30

17:00—23:00

周六、节假日晚餐时间为17:00—23:00

休息时间／周日、三连休时的周一

两种生火腿拼盘

生火腿原材料中可以食用的只有3千克左右。盘子左边放的是熟成36个月的生火腿，右侧则是熟成24个月的生火腿。推荐用啤酒搭配火腿，享受片刻的消遣放松。一盘1080日元。

若是狂热爱好者会刨根问底

生火腿百科

比起发源地欧洲，日本的生火腿历史尚短，未知领域也有很多。
用这个生火腿百科来检索一下，
踏出探索深奥的生火腿世界的第一步吧！

1 生火腿百科

深奥的生火腿历史

由于优质的乳酸菌和酵母菌，从过去开始生火腿就作为储备粮备受到人们喜爱。最早的记录是在古罗马时代，据说那时罗马帝国就已经出现了生火腿专家。生火腿在日本的历史尚浅，最初进入日本是在江户时代，从荷兰传到长崎。1996年，帕尔马产的火腿才被允许进口日本。之后日本本土生产的火腿也能够端上餐桌了。

生火腿百科

制造“Jamón”的过程

肢解

猪肉的选择对于制作生火腿来说十分重要。从猪身上肢解出的后腿肉会放在冷藏库中保存。

腌渍

此步骤在保持3℃～4℃的温度和80%～90%的湿度的冷藏库中进行。如果是13千克的后腿肉，需要连续腌渍10天。

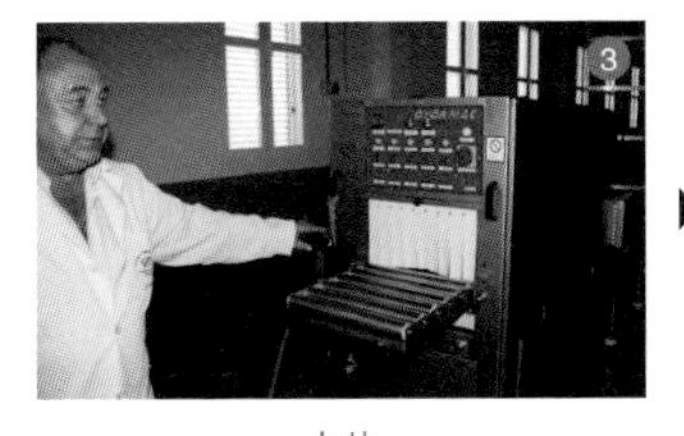

去盐

经过10天，用专用的机器将盐分洗涤掉。为了不沾染其他细菌，这个步骤中需要注意不能用人手触碰肉。

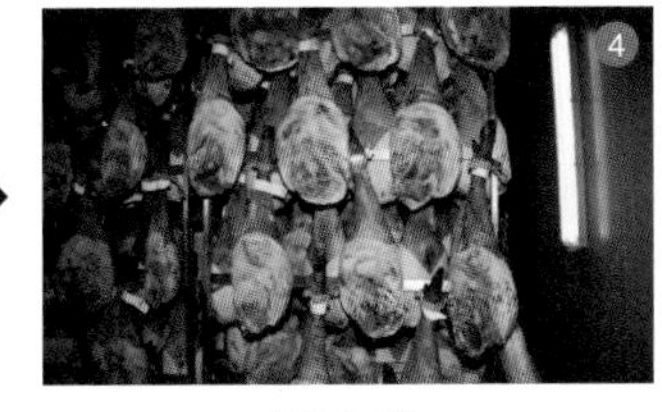

低温干燥

在保持着4℃～6℃温度和80%湿度的环境下，使其干燥90天。温度和湿度一定要严格把关。在大约60天后，会长出对我们有益的霉菌。

自然熟成

在表面的霉菌（酵母菌、白霉菌）的努力下，肉开始熟成。一年大概打磨表面2次，经过两三年，肉就熟成完毕了。

在西班牙，用后腿肉做出的生火腿被称为“Jamón”（哈蒙），如果使用的是白猪（Serrano）的话，叫作“Jamón Serrano”，如果是黑猪则是叫作“Jamón Ibérico”。熟成能为生火腿带来无比的美味。让我们来看看西班牙是如何制作生火腿的吧！

让我们来好好调查一下
世界上的两大生火腿！

生火腿一般指的是将猪的后腿肉经过盐渍、干燥后制作而成的火腿。在意大利它们被称为“Prosciutto”，在帕尔马地区制作的叫作“Prosciutto di Parma”，在西班牙则将“Jamón Serrano”（白猪肉制成的生火腿）作为所有火腿的代称广泛使用。每个国家的火腿都有不同的叫法。

意大利

意大利的生火腿

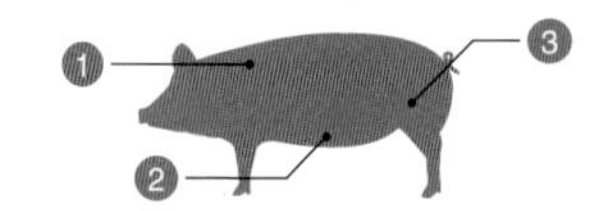

❶ 风干颈肉火腿
（Coppa）

用猪颈部到腰部的肉制成的火腿。它的特征就是圆圆的形状和浓烈的香料味道。

❷ 意式烟肉
（Pancetta）

这是一种将猪肋肉盐渍后制成的火腿，经常用在培根蛋酱意大利面（Carbonara）中。培根则是将其进行熏制后的产物。

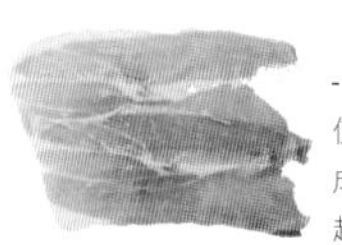

❸意式熏火腿
（Prosciutto）

使用猪后腿的大腿肉制成的火腿。在意大利提起生火腿一般都是指“Prosciutto”。

西班牙

西班牙的生火腿

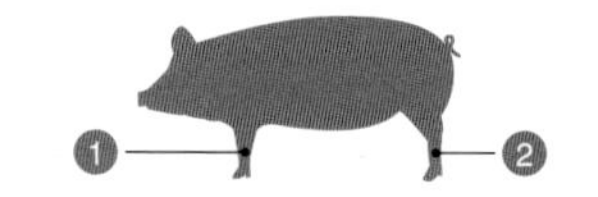

❶猪前腿火腿
（Paleta）

用猪的前腿肉做成的火腿，比起后腿脂肪含量更少，味道更加清爽。

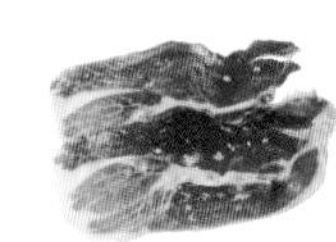

❷猪后腿火腿
（Jamón）

用后腿肉制成的生火腿。“Jamón”翻译过来就是火腿的意思。在西班牙，它可谓是经典的肉类了。

让我们来看看生火腿有哪些著名品牌

直到十几年前，日本还禁止进口意大利和西班牙产的生火腿。但是在政策放宽、开放进口后，这些海外名牌生火腿在日本的人气也逐步上升了。

西班牙生火腿

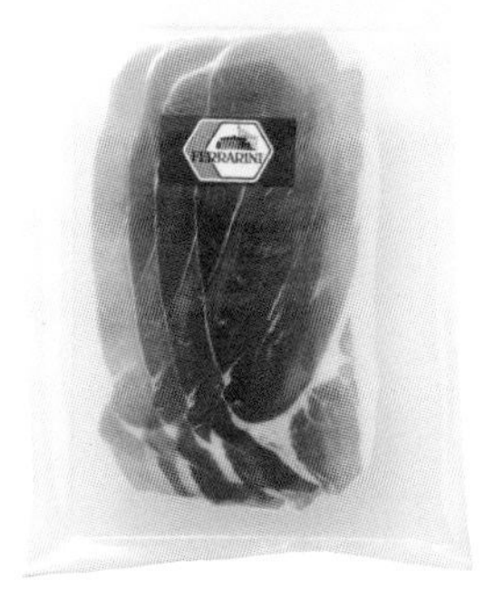

FERRARINI

可以代表意大利的生火腿品牌。企业重视食品安全性和品质，再加上他们高超的生火腿制造技术，获得了人们的高度赞扬。

La Prudencia

位于西班牙埃斯特雷马杜拉地区（Extremadura，又作Estremadura）、瓜达拉马山脉（Guadarrama）西北部的这家老牌工厂创立于1910年，肉源猪的养育和改良饲料都会由专人亲自操办。

VILLANI

创业于1886年。本部位于从帕尔马南下大约1小时路程的叫作摩德纳（Modena）的城市。该品牌风干颈肉火腿和意式烟肉均有售卖。

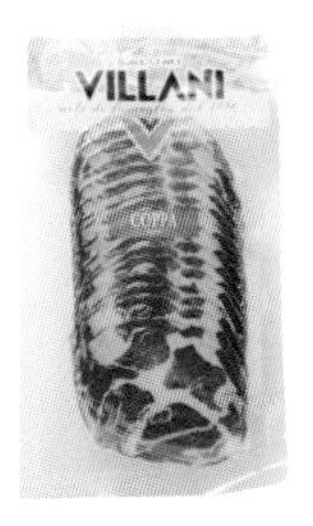

Cinco Jotas

西班牙皇室御用的顶级火腿。由技艺熟练的专业人士切片而成。特点是入口即化的口感和浓郁丰富的味道。

专用的工具体现专业性

生火腿百科

作为生火腿狂热爱好者，在工具准备上自然也是一丝不苟。专用的工具不仅能保证使用起来方便顺手，更能让人拿起它就能体会到大厨的心境。

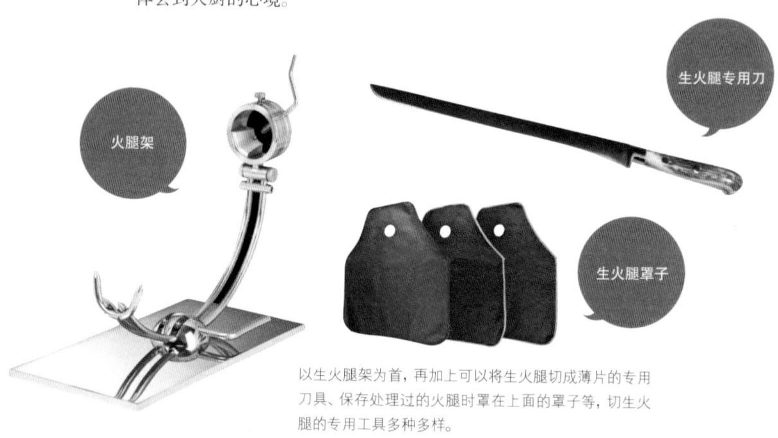

以生火腿架为首，再加上可以将生火腿切成薄片的专用刀具、保存处理过的火腿时罩在上面的罩子等，切生火腿的专用工具多种多样。

让人想要亲自尝试
从肉块开始享受生火腿

生火腿百科

最近经常能听到有人购买整个火腿。刚切下来的生火腿和真空包装的商品最大的不同就是口味和嚼劲。而最为美味的状态自然当属刚刚从肉块上切下的时候。切片本身也是一种享受，令人能够充分享受美食带来的美妙时刻。

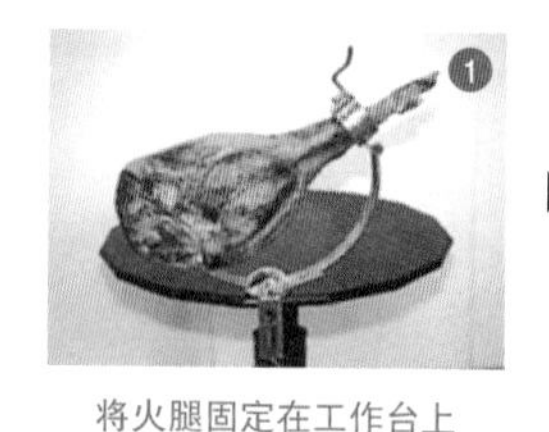

将火腿固定在工作台上

将火腿固定在被称为“Hamonero”的肉块切割专用工作台上，让骨头的部分朝上放置。

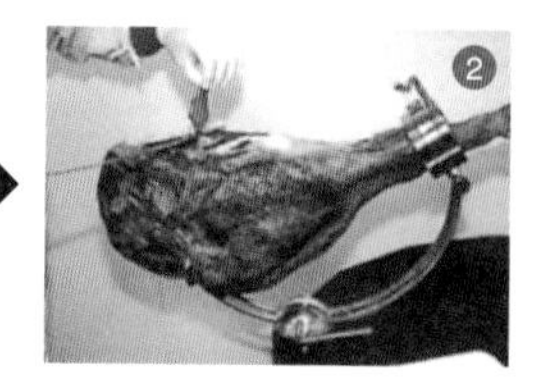

用刀具将肉块切片

下刀时，使刀子和桌面平行再切割会更加省力，切面也会美观整洁。

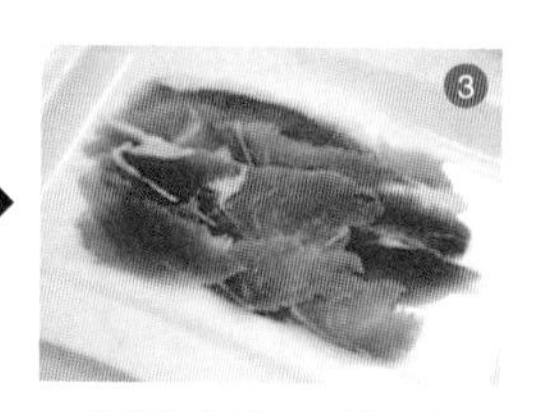

将切下来的生火腿摆盘

刚切下来的生火腿不论是外观还是香味都是出类拔萃的优秀。切片后将它们放置10分钟，令其和空气充分接触。

妙趣横生的创意菜谱

虽然生火腿总给人以下酒菜或者前菜的感觉，不过实际上它能出现在各种菜式和场合里，为人带来幸福的滋味。这次我们从知名意式餐厅、法式餐厅打听到了大厨推荐的食谱。这些菜在日常三餐中自不必提，若是在家中招待客人，一定也会让家庭聚会变得更加欢乐。

焦糖色的烧烤痕迹也是重点

烤时蔬腌菜（黑葡萄醋风味）

菜谱监制 / “Restaurant REIMS YANAGIDATE”
（东京都港区北青山3-10-13 ☎ 03-3407-3538）

材料（1人餐）

白萝卜（竖切两半）…1.5厘米
茄子（竖切两半）…1根
西葫芦（竖切两半）…半根
嫩玉米…2根
芦笋…2根
花椰菜（一口大小）…1小朵
绿菜花（一口大小）…1小朵
红青椒（一口大小）…适量
黄青椒（一口大小）…适量
小番茄干（切成方便食用的大小）…1个
百里香、迷迭香等香草类…适量
生火腿（对半切开）…1片
橄榄油…适量
盐、黑胡椒…少许

腌菜汁

Ⓐ 黑葡萄醋…10毫升
Ⓐ 橄榄油…30毫升
盐、柠檬汁…少许

做法

❶将Ⓐ的材料混合，制作腌菜汁。在烤箱的碟子上刷上一层橄榄油。
❷将除了小番茄干的蔬菜撒上盐烤制。
❸如果烤到变色则加入香草类，搅拌后装盘。
❹将生火腿摆盘，撒上黑胡椒。

没有酵母也可以制作点心面包

意大利皮阿迪亚（Piadina）煎饼

菜谱监制 / “Ristorante ACQUA PAZZA”
（东京都涩谷区广尾5-17-10 EastWestB1 ☎ 03-5447-5501）

材料（1人餐）

高筋粉…150克
盐…1小撮
温热白开水…约100毫升
EXV橄榄油…2小勺
生火腿…适量
芝麻菜（Rucola）…适量

做法

❶将高筋粉、盐、白开水放入碗中大致搅拌，加入EXV橄榄油。
❷搅拌5分钟左右，包上保鲜膜放置约2小时，将面团切成六等份，放置时注意不要让它变干。
❸将步骤❷做成的面团擀成薄片，放在平底锅内，用小火烤。若是煎饼膨胀了就翻面，加大火力，烤出烤痕。
❹用饼裹上生火腿和芝麻菜即可食用。您也可以自由加入喜欢的食材。

好的肉馅岂是一天做成的

“认真”的肉馅教室

各种各样的肉馅都能够展示出猪肉的美味。
我们来采访一下这位实现了少年梦想的店主，
听他讲讲认真的肉馅爱好者才能品出的肉馅的魅力。

摄影：中川周

DATA
“肉馅少年”店主
萎泽弘之先生

萎泽先生曾说过，他对于肉馅的热爱甚至到了想要向大家大声喊出“我最喜欢吃肉馅了！”的程度。在这家店中主要都是用鸡肉馅做成的菜品，不过他对于猪肉馅的做法也很在行。

一口定胜负的肉馅专卖店
肉馅少年

在这家店，您能够吃到加入了用大量鸡肉馅制作、满满香料味道、铺满米饭的炸肉饼料理。即使每天都吃也不会腻的美味让每一个喜爱肉馅的美食家都心心念念。

DATA
住所 / 东京都港区白金1-11-15
☎ 03-5420-1929
营业时间 / 11:30—20:00
休息时间 / 全年无休

孩子们的梦想就是饱餐一顿肉馅

“肉馅少年”的店主萎泽弘之先生在汉堡肉店“Meat矢泽”进行了为期5年的料理进修。在那里，他被肉馅的魅力深深吸引，于是自己开设了一家肉馅料理专卖店。对大厨们来说，肉馅可是非常有趣的食材。根据不同的烹饪方法，外观变化很大，也很容易进行各种调味。“想要在家里自己做肉馅料理，如果真的是非常喜欢肉馅的人，还是去肉店里买比较好。”萎泽先生如此建议道。不仅是要买名为“猪肉馅”的商品，更是要好好确认是用什么部位的肉做成的肉馅才能进行烹饪，这是厨师们的基础常识。

“肉馅的魅力就在于，它的口感非常柔软，可以一边咀嚼，一边仔细品味肉的味道。”

让我们将肉馅的不同变化排列在一起

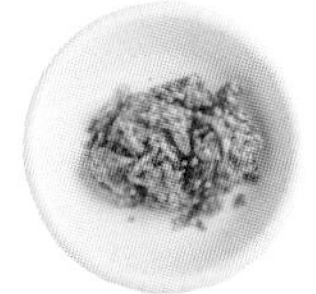

使用猪肋肉做成的肉馅。这是最细的一种肉馅，很容易捏成肉团。做成团子后，将肉一整个放进嘴里的感觉能让人心情舒畅。

用猪肋肉做成的肉馅。虽然脂肪含量较多，不过脂肪的鲜美和红肉恰到好处的搭配正是这种肉馅的魅力所在。

用猪肋肉做成的肉馅。红色的肌肉较多，如果您想品尝到颗粒鲜明的口感，请务必尝试这一种，它用在炒菜中最为合适。

使用了猪肋肉和脂肪制成的肉馅。粗细大约是中细程度，因为脂肪较多，最好是不再多做加工，直接用作汤的材料比较好。

用猪大腿肉做成的粗肉馅。因为切得非常大，所以猪肉的口感非常明显，可以直接作为肉丁放入菜中烹饪。

受到大众欢迎的这道“肉馅盖饭少年的梦”中有用大块的萨摩锦鸡肉做成的肉馅肉饼。

(1)店铺周围有着很多办公楼，将菜品外带的人也不在少数。

(2)店内的吧台席。厨师将在顾客面前烹饪美食。

(3)菱泽先生正在用巨大的平底锅翻炒足够20人食用的肉馅。据说不让肉粘在一起是翻炒时要注意的重点。

花费时间培育美味

猪肉×熟成的美味联系

您听说过能够将猪肉的美味牢牢锁住的

“干式熟成法”吗？

让我们来采访一下不断追求猪肉极致美味的这家肉店吧！

摄影：辻嵩裕、Sano万

革新的猪肉熟成法吸引了更多的猪肉爱好者

这几年熟成肉一下子流行开来，而日本熟成肉的先驱是静冈县的“SANO万”的店主佐野佳治先生，他多年研究干式熟成法，并活用了这些经验，对自家公司的品牌猪“万幻猪”成功进行了干式熟成处理。熟成肉本来指的就是在酵母的催化下，肉质变得更加柔软的肉。由于蛋白质分解，氨基酸增加而使得肉的美味得以浓缩，而干式熟成则是在保持温度和湿度的前提下，对肉的表面进行强风吹拂，促进熟成更进一步。虽然说普遍认为猪肉比牛肉水分更多，所以熟成也更加困难，但是佐野先生通过降低水分子的活性，使得美味都集中在红肉的中心，从而确立了独特的熟成方法。人们也因此能够品尝到鲜嫩多汁、柔软可口又有着更深一层香味和美味的熟成肉。熟成肉满足了能令猪肉变得最为美味的条件，请各位务必尝试一下这种崭新的肉的种类。

悉心培育
为了制作真正的猪肉

SANO万

为了追求猪肉自身的美味和高质量，饲养者为猪提供小麦以及用萨摩芋制成的优质饲料，精心培育200天才得到了这种“万幻猪”。这就是追求真正美味猪肉的肉店。

DATA
地址 / 静冈县富士宫市宫町14-19
☎ 0544-26-3352
营业时间 / 10:00—19:00（店铺营业时间）
7:30—17:00（批发）
10:00—17:00（网店）
休息时间 / 周三、第三个周四
周日（网店）
http：//sanoman.jp/

来张特写

干式熟成的现场

强风吹拂的熟成库温度保持在10℃，湿度则是70%。在40天中，肉中所含的酵母和微生物生产出的酵母努力地工作，将肉的美味凝聚在中心。若是将表面去除，重量只有熟成前的一半左右。

崭新的肉的形式

经过熟成后，干燥的部分已经去除。这就是熟成后的万幻猪腿肉。

（1）经过烧烤的干式熟成万幻猪肉是您至今从没品尝过的全新美味。
（2）佐野先生正在给我们讲述他由万幻猪干式熟成肉所构筑的梦想。
（3）名牌猪“万幻猪”。

在炸猪排的巅峰得以一见

猪肉×油炸的幸福论

为客人提供从古至今不曾改变的美味。
这就是有着70年以上历史的TONKI。
无论是现在还是过去，能够这样将理所当然的事情贯彻到底，
正是它备受喜爱的原因。

摄影：铃木裕介

昭和14年创业的
历史悠久的炸猪排是怎样的呢？

从东京目黑站开始步行约5分钟左右的地方就是这家创立于昭和14年（1939年）的老牌炸猪排店“TONKI目黑店”。

在营业时间之前，店门口就聚集了众多客人，在开始营业的一瞬间，店内的一半座位就已经满了。TONKI的鼎盛人气可见一斑。在那之后，客人也络绎不绝，看着那些掀起门帘而入的身影，就让人不禁对即将端上桌的炸猪排无比期待。

进入店内，围绕着宽阔厨房的桧木吧台让人印象深刻。坐在吧台前就能听到“来一份菲力”“麻烦来一份里脊和啤酒”（下接第116页）等不断点餐的声音。

炸猪排顶尖店铺的历史

“TONKI”为您提供70年以上未曾改变过的美味。
我们这次就来探寻一下这家
店外排起长龙的人气店铺。

那时是日本的经济高速成长期。刚开张的“TONKI”的店外就排起了长龙，甚至有人狂热到还想要推开其他人插队。据说在客人最多的时候，一天会卖出600～700道菜品，实在是令人惊讶。

TONKI的幸福制法

制法
1
在刀法上就有诀窍！

TONKI最大的特征是十字切口。因为是从横向和竖向都下刀，所以切出的肉块大小十分合适，十分方便食用。

制法
2
堆成小山的卷心菜

在卷心菜上洒上酱汁食用也非常清爽，不过若是您想要让口中变得清爽，我们则建议什么都不加，直接大口享受卷心菜的美味。

制法
3
摆放在桌上的调味料

这些绝赞的调味料的配方是只有店主才知道的顶级秘密。芥末酱更是每天都会制作，让您每次吃到的都是新鲜的美味。

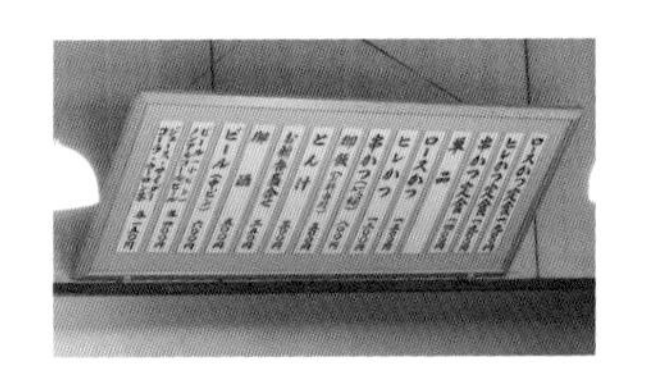

这一声声早已熟练的点餐再次让我们意识到，TONKI的老顾客们一直深爱着这家店。当您不禁也像其他人一样也大声说出“来一份里脊”后，吧台那一边的大厨便以熟练的手法迅速为里脊裹上面衣。当您以为这道工序还要重复几次时，刹那间肉便已经下了锅，在猪油中煎炸。这一切都好像是一瞬间发生的事，而这种快节奏的烹饪方式似乎也是TONKI的炸猪排美味的秘诀。

有人在将卷心菜装盘（下接第117页）有人在为客人上菜，厨房里一副活力满满的样子。只是看着他们忙碌的身

围绕着宽阔厨房有着一圈吧台座席。在这里您能观赏到专业人士们如同表演一般干净利落的烹饪过程。在二层也有着包厢，不过那里需要提前预约。

DATA

TONKI 目黑店

地址 / 东京都目黑区下目黑 1-1-2
☎ 03-3491-9928
营业时间 / 16:00—22:45
休息时间 / 周三、每月第三个周一

影，就会大概理解到他们对于炸猪排注入了多少热情，以及何为专业人士的匠人精神。

煎炸时间大约为20分钟。不过一会儿，在您面前就会摆好刚刚炸好冒着热气的炸猪排。和您平时吃惯了的炸猪排不同，TONKI的猪排不只竖切，还会横着下刀形成独特的十字切口，这样也更方便客人食用。

这时您就需要抑制住迫不及待的心情，将特制的酱料轻轻滴在炸得清脆爽口的面衣上，然后再稍稍撒上一些芥末。此时再吃下那一口，面衣的口感已经非常不错了，不过很快您就能品尝到厚厚的里脊肉了。

“咕嘟咕嘟”翻腾的内脏杂烩锅是绝味

名店的内脏杂烩锅

偶尔会有这种人吧：虽然只是偶然间看到一家内脏杂烩锅店，但是还是会不自觉地就踏入餐厅点单。

这道菜就是有着如此吸引人的魔力，不过每家店的内脏杂烩锅都有着截然不同的个性。

摄影：中川周

店铺01

山利喜 本馆

历经90年，一直备受喜爱

适合饮酒放松的绿洲之地

自从本店于大正14年（1925年）创业以来，这道“炖杂烩”就被人赞誉为“东京三大杂烩锅”。而令人惊讶的是，它在将近60年内一直不断地增补材料并持续炖煮着。将日产牛的“白内脏”（译者注：指牛胃或牛肠等白色的内脏）、牛第四胃加入由八丁味噌、粗砂糖、赤玉红酒等制成的基础汤料中，每天炖煮6小时以上。为了抑制动物内脏特有的异味，加入香料包也是山利喜本馆代表性的做法，而这份浓厚的口感正是不断添料、持续炖煮才能诞生的传统美味。

将内脏以西餐的风格进行新尝试

以添料久炖的味噌煮成的内脏杂烩锅
810日元

本店使用的动物内脏都经过2次炖煮再呈上餐桌。这样的做法不仅能够去除内脏独特的异味，还能够让充分吸收了味噌和红酒美味的汤底能够缓慢地渗透进内脏中。

炖杂烩加鸡蛋

702日元

在充分发挥了赤玉红酒美味的这道招牌菜上再加入水煮鸡蛋。长时间慢慢炖煮的牛内脏十分柔软，汤底也被食材充分吸收。

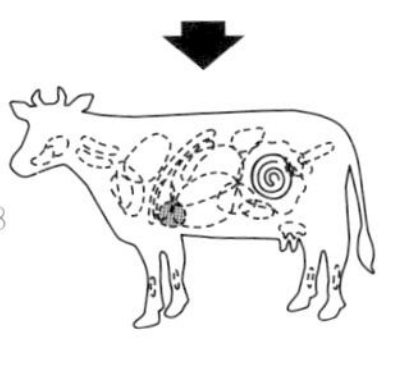

DATA

地址 / 东京都江东区森下 2-18-8

☎ 03-3633-1638

营业时间 / 17:00—23:00

休息时间 / 周日、法定节假日

能够代表大众酒馆的极品美味

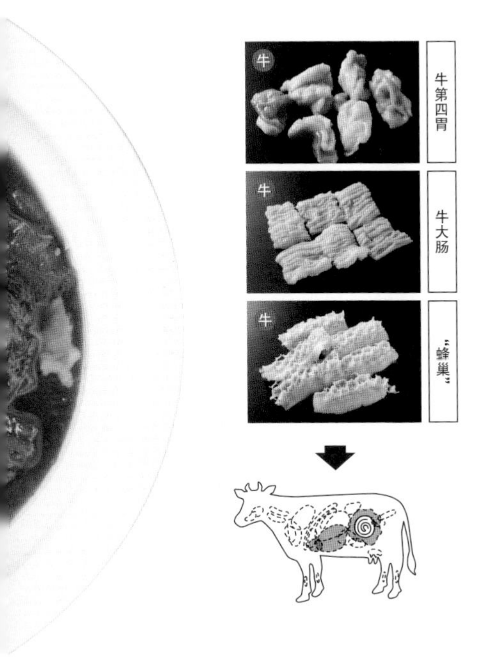

店铺02

Pont du Gard

日式和西式的完美融合

仅此一家能够品尝到的美味

本店的理念就是，让客人在日常三餐中也能享受到红酒和与其相配的美味下酒菜。“内脏杂烩锅”也和红酒十分搭配。将牛筋、牛大肠、牛第四胃等几种内脏放入由八丁味噌、黑糖、法式菜中不可或缺的小牛肉高汤（由小牛骨和有香味的野菜炖煮而成的汤底）以及大量红酒做成的汤中慢慢炖煮。虽然八丁味噌的风味略显独特，不过可以用小牛肉高汤特有的醇厚进行中和。

DATA

地址 / 东京都中央区银座 1-27-7

☎ 03-3564-0081

营业时间 / 17:30—1:00

周六、周日、法定节假日 16:00—23:00

休息时间 / 不定时休息

店铺03

内脏杂烩锅专卖店沼田

第三胃

牛

怀抱着对牛和猪的感激之情，细细品味它们的一切

“内脏杂烩锅专卖店沼田”的菜品的一大特征就是，做法不同，使用的部位也不相同。比如说最受欢迎的味噌做法就是使用了猪的直肠、大肠、第一胃、牛的第四胃这四种材料，酱油做法则是使用了牛心肉、牛肺、第四胃、盲肠和猪的脾脏。调味和蒸煮的时间也会根据部位不同有很大差异，需要事先进行仔细的准备。将材料放入锅中蒸煮后要放置一晚，使其熟成。

爽口的味道让人上瘾

盐味做法（蒜香）

421日元

使用牛筋腱和第三胃制成的清新爽口的“盐味”做法，每过一天店内还会更换口味，有大蒜、梅子、柚子胡椒这三种调味，而且为了不让食材的味道被掩盖，这道菜中几乎不会加入蔬菜。

DATA

地址／东京都新宿区新宿3-6-3 2层

☎03-3350-5029

营业时间／周一—周五17:00—24:00

周六、周日、法定节假日16:00—24:00

休息时间／全年无休

味噌口味

421日元

混合了红味噌和白味噌等，虽然是十分简单的做法，但是味道却浓香扑鼻，十分推荐您作为下酒菜食用，而以这个为原型制作而成的“激辣味噌口味”（464日元）也广受好评。

双重味噌带来的浓厚而稳重的味道

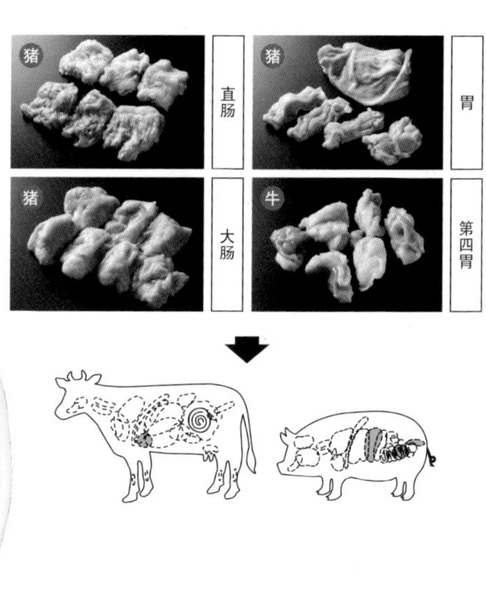

土豆炖内脏杂烩锅

540日元

将一般的“土豆炖牛肉”的“牛肉”换成了牛的第四胃，这样的做法您只能在这家“沼田”吃到。充分吸收了汤汁的土豆和粉丝都十分美味！真叫人想要点上一碗白米饭。

第四胃

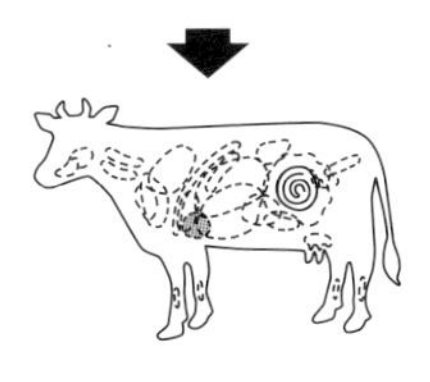

咖喱口味

421日元

这道将厚厚的猪舌片煮得软烂的“咖喱口味”得到了大家的一致好评。让人想要把汤汁都一饮而尽！如果您也有这样的想法，还可以再点一份法棍面包（216日元）搭配食用。

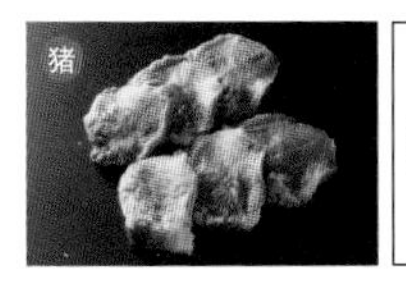

猪舌

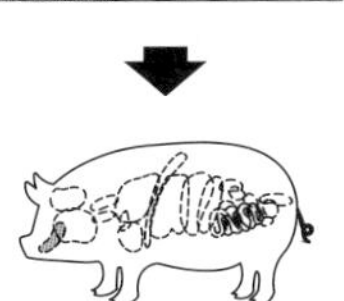

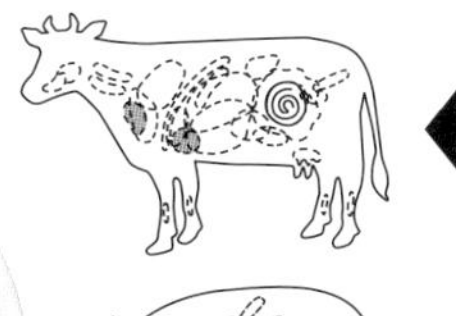

脾脏

第四胃

牛心

酱油口味

421日元

“酱油口味”略带甜味，本店的常客中有不少人偏爱这种吃法。因为食材都切得比较大块，您能够充分体会到每个部位口感的不同，相当有趣。顺便一提，您还可以根据个人口味选择加入葱花调味。

记下这些知识一定不会亏!

猪肉的基础知识

平时我们经常吃猪肉，但是您又对猪肉了解多少呢？如果您喜欢吃猪肉，应该会对著名品种、部位等知识感兴趣。让我们一边享受美味，一边来学习一些关于猪肉的基础知识吧！

摄影：苗村SATOMI

日本和世界的猪

在世界各地生长发育的名猪数不胜数。
如果我们了解了这些
因为品种、养育方式、成长环境不同，
而外观也不尽相同的名猪的知识，也能够拓宽看世界的眼界。
您喜欢的猪肉产自哪里呢？

一边吃着美味的猪肉，
一边了解世界吧！

举个例子，西班牙产的伊比利亚黑猪是全年在放牧草地中散养的，它们在树林中吃着橡木果长大；匈牙利的曼加利察猪（Mangalica）则是被放养在广袤的草原，吃着牧草成长。如今大规模养殖已经成为流行趋势，在改良品种且不断推陈出新的情况下，那些由养殖户们精心培育的原型猪种在外国的人气也居高不下。日本在1971年开放了猪肉自由进口政策后，人们对于猪肉的质量更加看重，也因此诞生了众多经过基因改良、带有丰富的地域特征的杂交品种肉猪。“鹿儿岛黑猪”就是吃着当地特产的萨摩芋头长大，连肉中都带有芋头的清香。将这些不同的猪肉对比着食用也别有一番乐趣。每一片味道不同的猪肉，都能让人联想起那片土地的风景。

山形

庄内猪

山形县庄内地区培养的猪，成长周期约为180天，体重为110千克左右，是由兰德瑞斯猪(Landrace，中国通称长白猪)、大约克夏猪（Duroc）和杜洛克猪（Duroc Piglet）繁育的三元猪。带有清爽甜味的脂肪，柔软又香气扑鼻的红肉是其最大特征。

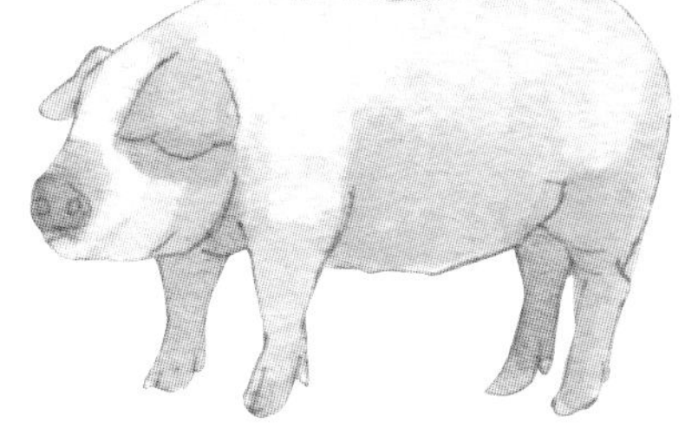

鹿儿岛

鹿儿岛黑猪

这种黑猪被称为鹿儿岛的“黑色钻石”。其紧致的肉质带来的口感和微微的甜味是它的特点。

群马

和猪年糕猪

这种猪的肉有着如同刚刚捣出来的年糕一般软糯的口感，因此得名。这种猪肉还含有丰富的维生素E，肌理也相当纤细，看上去也是美丽富有光泽的粉色。其脂肪的质量也相当的高，这让它可以长期保存不易变质。

冲绳

阿古猪

这种猪个头较小，出产数量也少。10个月左右的小猪就能成长到80～90千克。阿古猪的肉吃起来口感非常不错，又有一些黏性，味道也不会让人生腻。而且，这种猪肉的胆固醇含量很低，是一般猪肉的¼。

东京

东京X

由巴克夏猪（Berkshire）、北京黑猪和杜洛克猪繁育的杂交猪，因为三元交配和对于未来可能性的期许，得到了东京X（TOKYO X）这一名字。其肉呈现淡粉色，肌理细腻又鲜嫩多汁。

意大利

琴塔猪（cinta senese）

原产于意大利的托斯卡纳地区，10个月就能长到80千克。琴塔猪的饲料以面包、谷物、野生植物和树木的根和果实为主，肉则多被加工成生火腿。它们的肉口味浓郁，背脂（猪油）的质量也获得了大家的肯定。

匈牙利

曼加利察猪

这种产自匈牙利、在广阔的草原上生长的猪全身都覆盖着卷曲的毛发。它们在12～14个月时能长到145千克。其肉脂肪熔点低，入口即化，口感非常好。

西班牙

伊比利亚黑猪（贝罗塔）

这种猪产自西班牙的伊比利亚半岛，以橡子等为食粮。待其长到160～180千克时，它们摄取的脂肪会进入肌肉中形成霜降纹。它们的肉还以其独特的香气和细腻的脂肪而备受好评。

法国

巴斯克猪（Basque pig）

巴斯克猪生活在法国西部的比利牛斯山地区。它们被自由放养在广袤的大自然中，在山林中吃栗子和橡子长大。

每头猪可以长到120～160千克。而它们的肉质柔软，脂肪也很清淡。

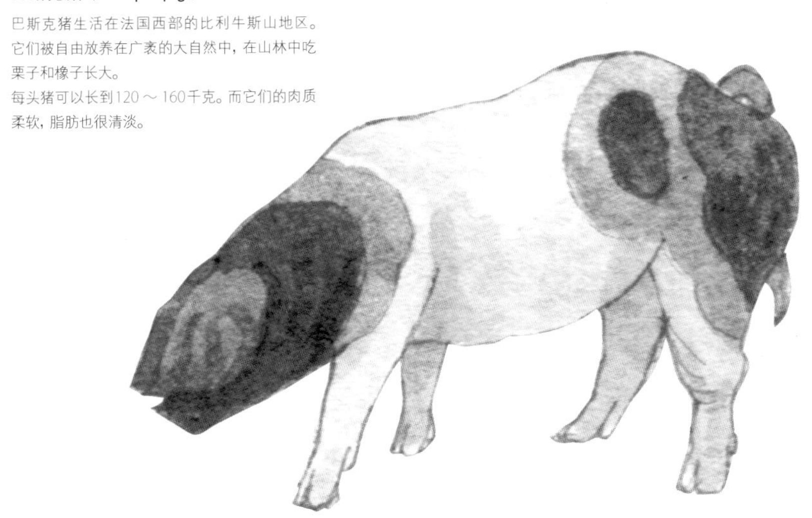

中国

金华猪

中国浙江金华的小种猪，7个月左右就能长到70千克，是中国著名的“金华火腿”的原材料。金华猪的肉质柔软细腻、保水性强，脂肪还带有甜味。

名猪繁衍出的六个品种

您知道吗？大多数名猪都是通过品种杂交而诞生的。
亲本品种各有不同的特点，结合起来才能够自由多变。
而每种猪肉的品质也有着很大的差异。

1

兰德瑞斯

Landrace

体型较大，毛色为白，瘦肉较多。日本主要的猪种就是这一种，饲养量也很大。它们只需一年就可以长到170～190千克。繁殖能力也十分优秀，可以作为种猪使用。

2

杜洛克猪

Duroc

这种猪的特征是背毛呈棕色，且生长迅速。长成后可达到300～380千克。因为很容易形成霜降，瘦肉品质也很高，所以备受喜爱，不过脂肪也容易过多。它们十分耐热，性格也很温和。

中约克夏猪

Middle Yorkshire

中等体型，毛色为白色。虽然这种猪的饲养头数正在逐渐减少，但是肉质极其优秀。长到90千克需要185天之久，生长十分缓慢。它们的脂肪质量虽然不错，但是皮下脂肪较厚。

4

汉普夏猪

Hampshire

体型中等，毛色为黑。它们的特征是肩膀、胸部和爪子生有白色的毛。这种猪可以长到250～300千克，因皮下脂肪较薄，瘦肉比例高而备受好评，不过他们难以忍受炎热的天气。

5

巴克夏猪

Berkshire

中型猪，毛色为黑色，属于黑猪，饲养期长，产肉量少。一年可长至135～150千克，但生长缓慢。相比其他猪肉，这种猪肉中氨基酸含量较多，肉质柔软且细腻。

大约克夏猪

Large Yorkshire

体型较大，毛色洁白，一年可成长至170～190千克。其肉质地细腻，脂肪熔点高，适合加工成肉类制品。这种猪产肉量多且生长速度快，所以也作为杂交种猪而饲养。

什么是三元猪？

三元猪指用两个不同品种杂交出的母猪配种第三个品种的公猪而生出的杂交品种（三元交配）。这样诞生的小猪们可以继承父本和母本的优点，并且弥补其不足之处。最近甚至还出现了“四元猪”。

LDB

这种猪继承了“兰德瑞斯猪”发育快、繁殖能力强的优点，加上“杜洛克猪”健壮的身体以及优秀的瘦肉，同时还兼有著名的黑猪种类“巴克夏猪”优良的肉质。

LDK

这种猪继承了“兰德瑞斯猪”发育快、繁殖能力强的优点，加上“杜洛克猪”优秀的瘦肉，同时还兼有“金华猪”优良的肉质。这种猪在日本的产量并不高，但是因为其肉质的美味而备受追捧。

LWD

这种猪继承了“兰德瑞斯猪”发育快、繁殖能力强的优点，加上“大约克夏猪”优秀的瘦肉脂肪比，还兼具“杜洛克猪”优良的肉质，是在日本普及率最高的一种猪。

猪肉部位图鉴

猪的每个部位都能使用，可谓是最高级的食材。
我们希望您能了解关于猪肉的一切，然后更加热爱它。
对于猪肉的部位，您知道多少呢？

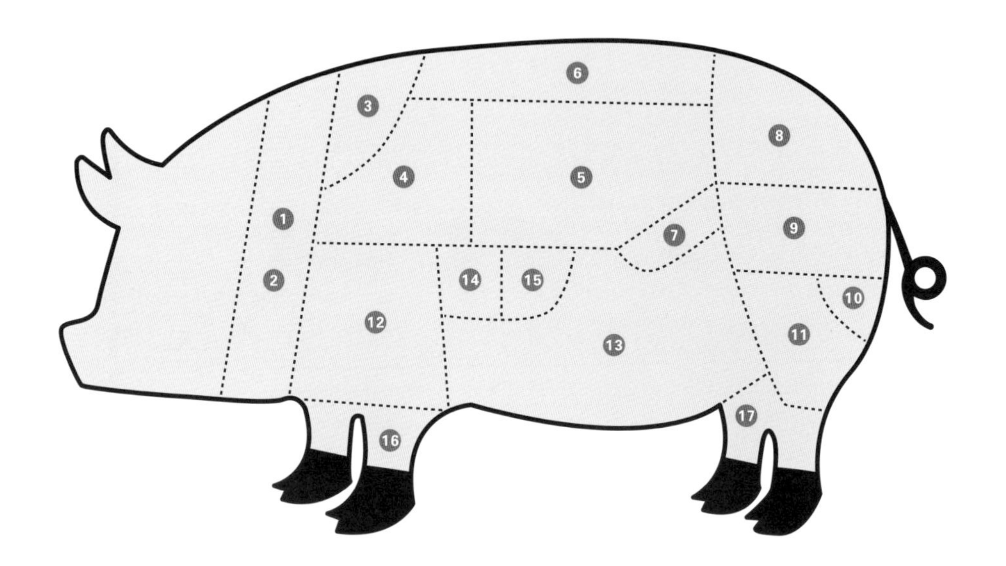

1 猪颈肉

别名：脖肉、喉肉

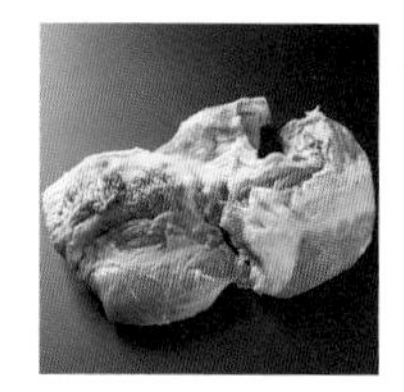

正如其名，是猪脖颈处的肉。一头猪身上能够出产2千克左右的颈肉。脂肪很多、肉质也硬，直接料理起来不算简单，所以一般会做成肉馅，而猪肉的味道很浓烈，也非常适合做成香肠。

要点

有着适量脂肪的肉是最为理想的。

2 猪颊肉

别名：P toro

猪的脖颈靠近肩膀部分的肉，叫作“Toro”是因为这种肉看起来和鲔鱼的Toro肉（译者注：Toro肉指鲔鱼身上脂肪丰富的部位）非常像。一头猪身上只能取得400克左右的猪颊肉，非常稀少。在烤肉界，它也是深受喜爱的菜品。以前，人们曾将猪颊肉和猪颈肉当作同一个部位。

要点

有着霜降纹路、淡粉色的即为上品。

3 肩里脊肉

别名：无

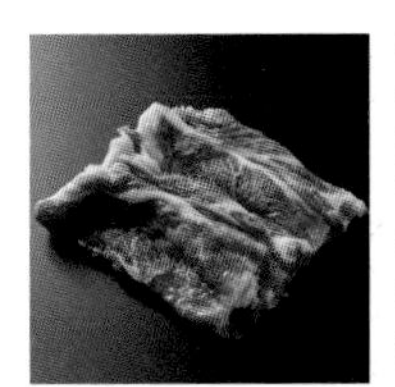

位于眼肉的上方位置，一头猪能够取得4～5千克。味道强烈口感浓厚。这也是被称为“Roast”的部位，因为“烧烤”这一手法最能够体现肉本来的美味。在猪肉中肩里脊肉也是最容易料理的食材。

要点

雪花纹越多，味道就越细腻醇厚。

4 眼肉

别名：无

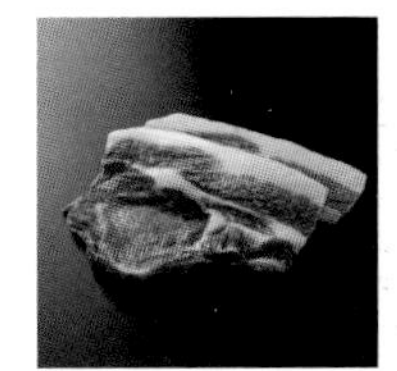

在猪肉中广受好评，也是被大众所熟知的部位。它和肩里脊肉一样，都被广泛应用于料理之中，但是比起后者，眼肉的脂肪更加优质，纹理也更加细腻，因而被视为高级食材。眼肉上部因为附有背部脂肪而更容易形成霜降纹路。

要点

背部脂肪形成的适中的霜降而广受人们喜爱。

5 上腰肉

别名：无

被称作较高级的部位之一，人气居高不下。一般它会和眼肉一起作为“Roast”出售，但是在餐饮店中还是被区分得很清楚的。比起眼肉来说，它的纹理更加细腻，味道则更为清淡。

要点

肉质细腻柔软的高级部位。

6 背脂

别名：猪油

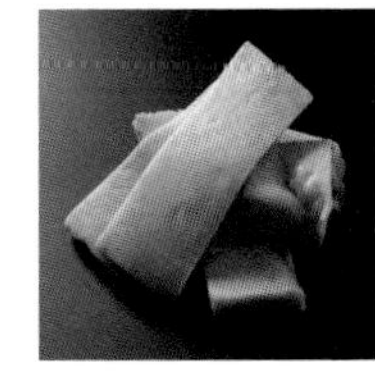

取于背部的厚实的脂肪块。60℃～70℃的热量即可使其融化，一般都是在烧烤红肉时刷上一层，作为佐料使用，或是在制作肉馅时为了使其口感更加醇厚、饱满多汁、增添油香而添加。

要点

即使晒干了看起来仍旧温润甘美。

7 里脊肉

别名：菲力

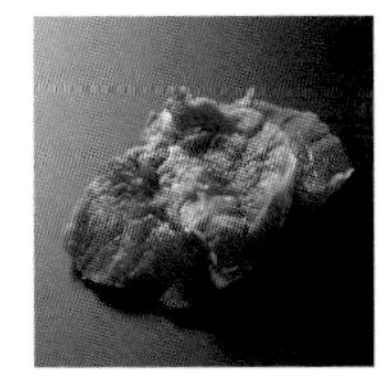

附着在内侧，左右两侧只能各提取一块（合约400克）的稀有部位，在猪肉中被视作最高级的瘦肉。它几乎没有脂肪，味道也较为清淡，但是纹理极其细腻，肉质也非常柔软。

要点

带有粉色的肉往往肉质更好。

8 臀尖肉

别名：无

虽然从臀尖肉到大腿肉都可以称为大腿肉，但是臀尖肉是位于更加上方的部位。这种肉脂肪较少，在大腿肉之中也是更有肉色的一种，而且其中筋腱较少，肉质柔软，适合用于制作大阪烧或小火锅。

要点

肉色较深、筋腱很少。

9 外侧大腿肉

别名：无

位于大腿的外侧。一般来说这个部位的大腿肉肌肉发达，脂肪含量也少，不过其实这里也有着适量的脂肪，非常适合做成炸串等菜品。不过，由于是瘦肉，它还适合用在各种各样的料理中，所以您可以看到它被制成各种菜品。

要点

有着适度的脂肪的是最好的，不过肌理很粗糙，肉质也很硬。

10 坐臀肉（内侧大腿肉）

别名：无

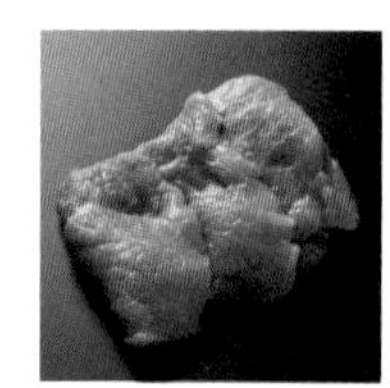

位于后腿根附近的肉，据说是大腿肉中脂肪最少的部分。一般都是浅粉色的，肌理很细腻，筋腱也很少，整体上肉质非常柔软。口感很像菲力，所以也能够用在炸猪排这种使用菲力肉的料理中。

要点

肌理细腻，口感近似菲力。

11 芯玉

别名：弹子肉

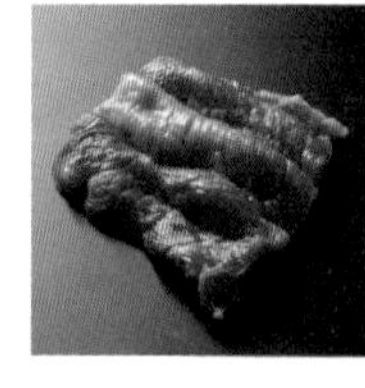

位于内侧大腿肉的下方，外形看起来像是珠玉一样的肉。如果是呈现被称为“淡红色”的那种略带灰色的粉色，那就是高品质的肉。肉质很柔软，脂肪含量也少，是很保健的一种肉。一般来说，它经常被做成肉馅或者是切成小块来制作料理。

要点

脂肪含量较少，呈现健康的淡红色是好肉。

12 肩肉

别名：前腿肉

虽然一般都被叫作肩肉，不过在精肉界一般都称为前腿肉。因为是猪经常活动的部位，所以一般都肌肉发达、肉质较硬。其富含氨基酸，而氨基酸又是决定了野味的香气和肉味的关键。这种肉越煮，味道越会变得鲜美。

要点

肌理较粗。脂肪较白的是好肉。

13 五花肉

别名：肋条肉

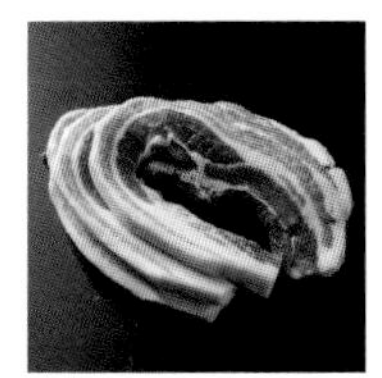

五花肉指的是肋骨下方的肉，肥瘦间隔，层层叠叠。脂肪呈现白色而瘦肉则是粉红色。它的卖点就是油脂香和带有甜味，又有浓烈的猪肉味，非常适合做成能充分发挥肥肉美味的菜式。

要点

肥肉和瘦肉厚度均等的即是好肉。

14 前排肉

别名：无

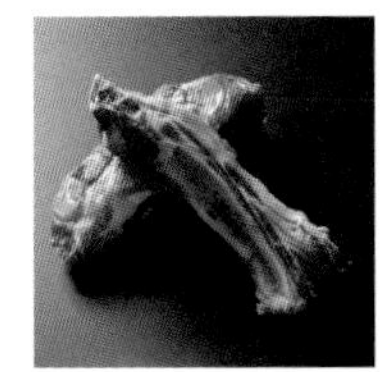

在带骨的排骨肉中最接近头部的地方被称为“上脑肉”（Spare Ribs），而在上脑肉中最接近肩部的就是前排肉。喜欢吃带骨肉的人都很喜欢这个部位。前排肉比起一般的排骨肉稍小一些，处理起来也更加省力。

要点

比起一般的排骨肉稍小一些。

15 排骨肉

别名：无

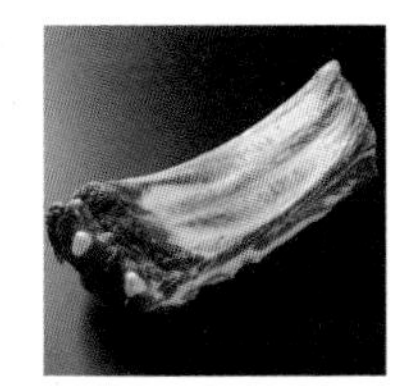

位于前排肉后面的部位。比起前排肉只是分量稍大一些，味道之类的没有什么不同。烹煮来吃相当不错，如果当作烤肉食用，多余的脂肪会被溶解，也是十分的美味。

要点

将多余的脂肪去除后最为美味。

16 前腿肉

别名：无

位于前腿的小腿处，所以筋腱非常多，能够适用的料理也少，不过炖煮后会变得相当美味。虽然在商场里很难见到单独贩卖前腿肉的，但是其实在肉馅或者是切成块的猪肉中经常混有前腿肉。

要点

筋腱越多，炖煮起来就更加美味。

17 后腿肉

别名：无

位于后腿小腿处的肉。它和前腿肉相同，筋腱很多，味道和做法都没有什么差别。不过据说根据猪的运动量、体脂率的不同，后腿肉会比前腿肉更加柔软一些。在德国，后腿肉经常被用于制作传统的家庭美食。

要点

和前腿肉一样，筋腱很多。

一流大厨的「肉类加工品攻略」

摄影：平安名荣一

在日常生活中也经常能见到火腿或培根等肉类加工品，而这些食材经过大厨的处理亦会变成绝佳的美味。

培根

Bacon

有着让人欲罢不能的清脆口感的烤培根

将事先热好的平底锅放置于小火上，不倒入油直接加热。用小火慢慢地烤培根，不过比起煎烤，不如说是要让它干燥，需频繁地擦拭因加热而析出的油。

▼

▼

▼

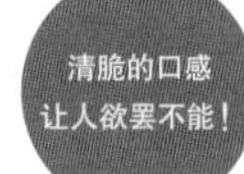

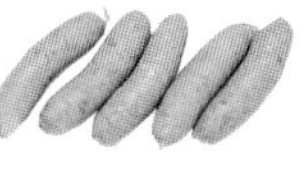

香肠

Sausage

能让整体都熟透的“水煮”方法，让处理完的香肠表面香脆可口

将香肠用一锅水煮，将其煮熟。之后再在平底锅底内倒一层薄薄的油，用小火翻炒香肠。我们的目标是做出外皮焦脆，能够牢牢锁住肉汁的香肠，所以要细心且温柔地煎炸。

▼

▼

▼

完成！

通过水煮和翻炒能够得到爽脆的口感

火腿

Hum

虽然直接食用也足够美味，但是经过煎炸能让味道更上一层楼

虽然直接食用火腿也很好吃，不过通过煎炸能让醇厚和香味更加浓郁。一边煎炸，一边在两面刷上黄油，等到有了漂亮的烤痕后就可以出锅了。厚度越高的火腿也越能享受到美味。

▼

▼

▼

完成！

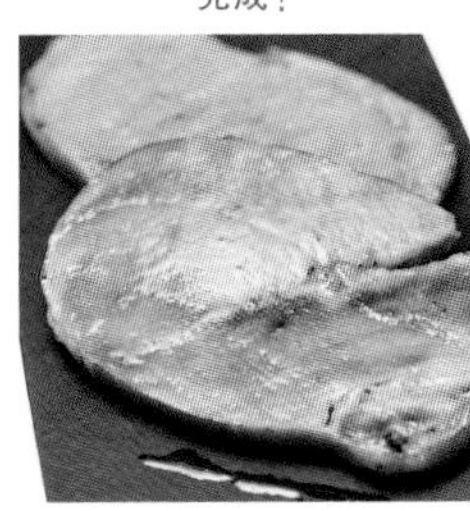

美味更加浓缩在其中的煎火腿

鸡肉篇

被万人所爱的

极品炸鸡块

近些年不断地有新的炸鸡块专卖店陆续开张，
由此可见炸鸡块的人气爆棚。将它和啤酒一起享用堪称绝妙，
搭配白米饭美餐一顿也是极好。能当作下酒菜品尝，也能当作小菜食用，
就让我们好好了解一下这倾倒众生的炸鸡块吧！

摄影：铃木裕介

在全世界都
广受好评的
经典小菜

来采访炸鸡块的鼻祖店！

从大师那里学习制作方法

如今，这道令全日本、不，全世界的人们都喜爱无比的炸鸡块已经成了经典菜品。
我们可以从三笠会馆的大师们那里学习到它的制作方法。

炸鸡块的起源
正是三笠会馆

第一个在日本推出“炸鸡肉块”这道菜的正是三笠会馆。该店创立于大正年间（1912—1926年），当时还主要是作为“三笠刨冰店 ”营业。但是在之后的几年，店铺陷入了经营危机。为了渡过难关，当时的社长和厨师们绞尽脑汁所发明了一道菜，据说那就是炸鸡块的原型。传说它的灵感来源是一种将豆腐裹上面衣放入锅中油炸的中国菜。他们将豆腐换成鸡肉，改造成了一道原创的料理。在那之后，因为东京大空袭，店铺再次陷入了经营危机，正是热爱并且牵挂着三笠炸鸡块的客人们的炽热情感支撑着他们，给了他们再次打破困境的力量。

即使在食物短缺的时候。三笠会馆的员工们也会东奔西走，努力保证店内的鸡肉、油和片栗粉（土豆淀粉）不会断货。

三笠会馆的炸鸡块秉承当年的食谱，是标准的炸鸡块做法。厨师们用菜刀将整只鸡切开，连带骨头一并切断。他们深知骨头附近的肉最为美味。炸鸡块用到的是鸡腿肉、鸡胸肉和鸡翅肉混合而成的肉。鸡肉不进行提前腌渍，而是将片栗粉和酱汁轻轻撒在上面。这就是为何当您在食用三笠会馆的炸鸡块时，一入口就能感到鲜明强烈的香气扑鼻而来。而当您一口咬下那美味的鸡块，饱满的汁水争先恐后地溢出，让人不由得就会感慨：“啊！这就是炸鸡块的巅峰！”

如果您光临银座用餐，请务必品尝这历史悠久的炸鸡块。

为了炸出美味鸡块需准备的工具

（1）最好使用大碗。给肉裹上酱料和面衣时用，大碗会更方便处理。

（2）将炸鸡块从热油中捞出时就要用到这种网铲。

（3）将热油中的炸鸡块翻面时，会用到铁丝网。比起筷子，它更容易捞起鸡块。

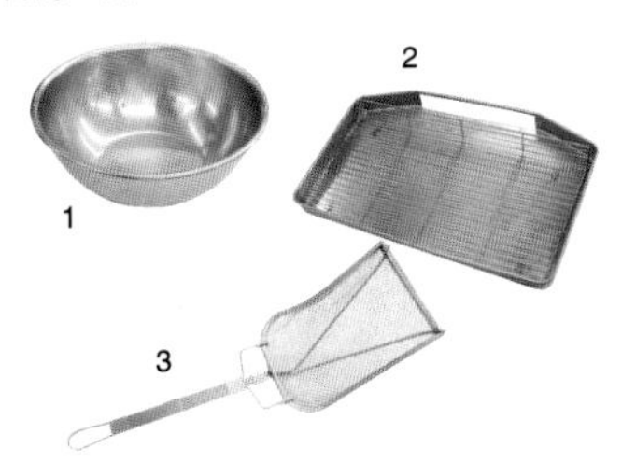

用什么油炸呢？

我们使用的是白绞油（译者注：一种食用油，由黄豆原油经脱胶、脱酸、脱色、脱臭等程序制成）。这种油不易劣化，可以在炸过的老油中倒入新油继续使用。要注意，炸鸡块需要用很多油。

要点 1

秘传酱料配方大揭秘！

在使用该调料前要将它好好摇匀。以淡味酱油、砂糖、烧酒为基底，再加入香气扑鼻的芝麻油制作而成。不过更加具体的配方属于企业机密，请各位自行尝试调配属于自己的酱料吧。

将秘传酱料充分摇匀后和油以及其他调味料混合在一起。若是一个人食用，加入30毫升左右的酱料即可。

再现日本最早出现的味道

来试着制作炸鸡块吧！

在这里，我们将特别公开日本最早出现的三笠炸鸡块的做法。
当年的那个味道历经时空来到您身边，这是多么令人动容的事情呀！

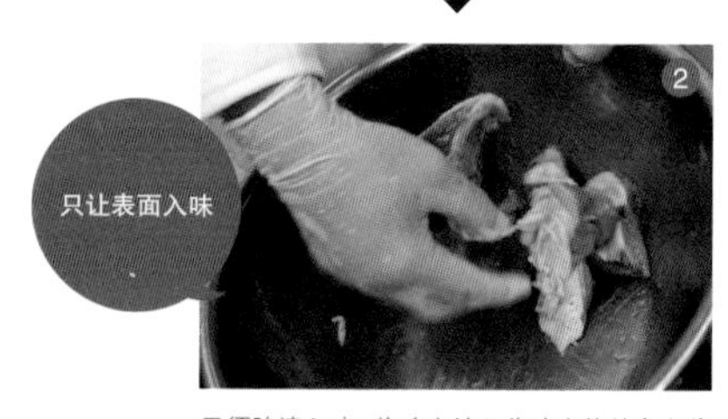

无须腌渍入味，将鸡肉放入酱汁中使其裹上酱汁，只使表面入味即可。多余的酱汁可以撇掉。

将少许片栗粉轻轻蘸满鸡肉，将其覆盖，若是一下子蘸太多，粉会结团，请多加注意。

使用的是片栗粉！

面衣十分简单，只有片栗粉一种，不混杂其他面粉。重点是要慢慢地将其裹在鸡肉上。如果蘸上太多，就将多余的粉抖落。虽是这样简单的工序，却会影响成品的味道。

将鸡肉表面裹上片栗粉后就算完成面衣了。这时只要将多余的粉抖落，便可制成味美且外形也十分漂亮的炸鸡块了。

油炸时温度应控制在170℃～180℃。部位的话按照鸡胸肉、鸡腿肉、鸡翅肉的顺序下锅最好。要先从不好熟透的部位开始油炸。

要点 3

接触空气油炸加热！

若是将炸鸡块放入热油中太久会变得焦黑。我们需要不时将鸡块从油中捞起，让其接触空气。这样的做法还能让鸡肉内部熟透。要点就是要将鸡块反复捞出。

让我们关注油的气泡

在下锅的瞬间，油的表面会产生细小的泡泡。这是因为肉里的水分蒸发。要记得不时将肉块捞出使其接触空气。

要点 4

用调味料让味道更上一层楼

调味料非常简单。可以用芝麻和盐混合而成的盐芝麻，也可以用榨好的黄芥末酱。若是用黄芥末酱，为了更合适搭配炸鸡块，可以将前者味道调配得稍淡一些。芥末酱加盐芝麻的调味也是绝佳的组合。

盐芝麻　　黄芥末酱

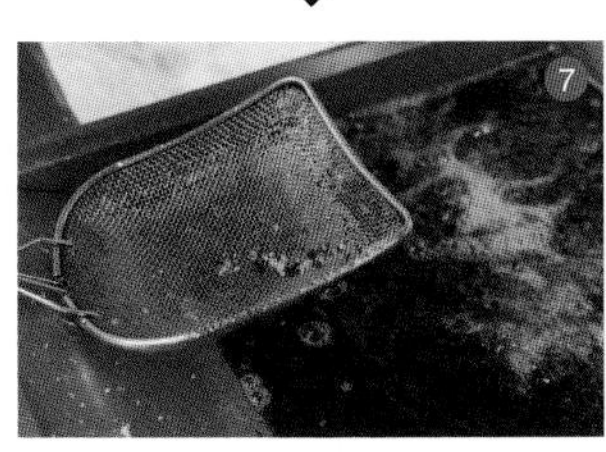

让我们将鸡块再次放入油中，观察它的状态。可以看到比起刚才，气泡变得更大也更少了。

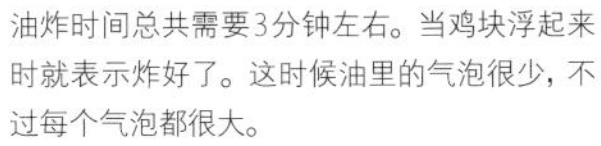

油炸时间总共需要3分钟左右。当鸡块浮起来时就表示炸好了。这时候油里的气泡很少，不过每个气泡都很大。

要不要试试变化呢？

欢迎来到炸鸡块实验室

面粉、调味料、酱汁如果产生变化，会让炸鸡块有何不同呢？
我们做了几个实验。

实验 01 改变面粉

想要让炸鸡块有所不同，于是我们先尝试了改变面粉种类。大家都在期待成品的口感有所变化，那么结果究竟如何呢？

小麦粉

根据其中蛋白质的含量不同，小麦粉也分为高筋粉和中筋粉等种类。这次我们准备的是低筋粉。

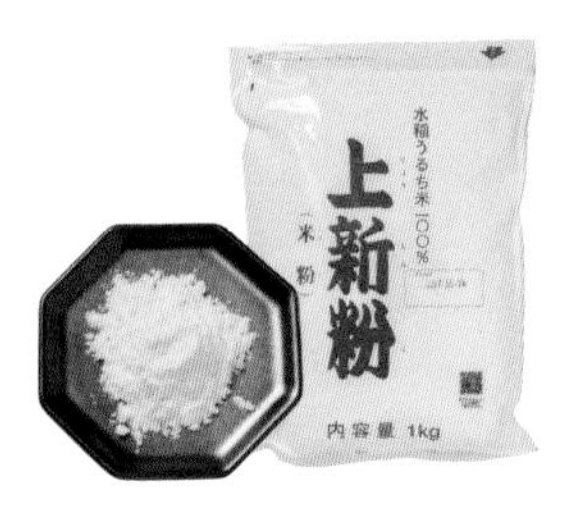

米面粉

就像名字所说的，是将米碾碎后做成的粉。经常用于制作麻薯、米团、蛋糕或饼干等甜品。

片栗粉

经常作为油炸面衣使用，其中代表就是龙田扬炸鸡（译者注：炸鸡块的一种）。此外片栗粉也经常被用于制作一般的炸鸡块。

试着制作了“油炸仙贝”

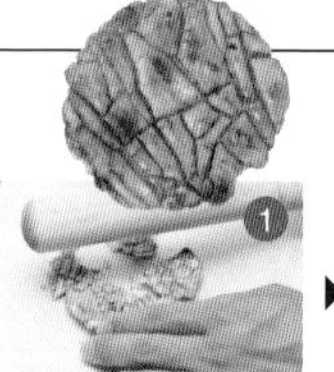

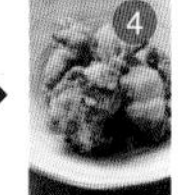

在一部分地区流行“油炸仙贝”的做法。

❶首先让我们将日式仙贝用擀面杖等东西敲碎。

❷将敲碎的仙贝和面衣混在一起。

❸用手认真仔细地将它们混合，将蘸满面衣的仙贝放入油锅中。

❹得到的成品就是这样的。面衣之下能够窥见仙贝的一部分，让整道菜看起来非常狂野。而它的香味和清脆的口感也令人感到乐趣无穷。

实验 1

小麦粉 ▸ 100%

报告

一般家庭制作的炸鸡块应该都是这种用100%小麦粉制作的。成品和大家早已熟识的炸鸡块一样，有着凹凸不平的外表、口感也非常清脆，是熟悉的味道。在此次的实验中，我们是将用酱油调味后的鸡胸肉用180℃的热油油炸2分30秒做成的。

实验 2

米面粉 ▸ 100%

报告

或许您没怎么听说过“用米面粉炸成的炸鸡块”吧。虽然外面裹有面衣，但是因为面衣很薄，所以炸完看起来更像是鸡本身的皮。这种炸鸡块尝起来并不像小麦粉炸出的鸡块那样清脆，口感非常松脆爽口。而关于油炸的条件，之后的实验都会和实验1保持一致。

实验 3

小麦粉 ▸ 50% | 米粉 ▸ 50%

报告

在实验1、2的基础上，为了发挥小麦粉和米面粉的优点，我们将二者以同样分量的配比混合，做成了面衣。比起100%的米面粉，这种混合粉炸成的鸡块口感更加清脆，又有着松脆的口感。于是我们得出了结论：面衣中小麦粉的分量越多，面衣本身的存在感也就越强；而若是米面粉加入得多，面衣的口感也会减轻。

实验 4

小麦粉 ▸ 50% | 片栗粉 ▸ 50%

报告

如今还有着专门做片栗粉炸鸡块的店铺，于是我们认为也应该试试用片栗粉来炸鸡块。我们将片栗粉与小麦粉按照1：1的比例混合制作了面衣，并进行了炸鸡块实验。结果是，由于加入了片栗粉，面衣膨胀，表面也出现了片栗粉独特的白色面粉。这样的面衣看起来更像“龙田扬炸鸡块”的风格。

实验结果

在一系列的实验过后，我们得出的最佳配比结果如下。
优先保住米面粉面衣清爽的口感，再加入一些小麦粉，最后用片栗粉来增加一些膨胀感。

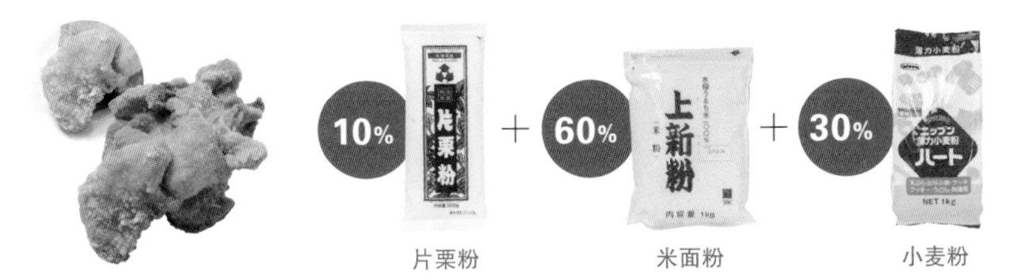

实验
02 测试调味料

若想要改变口味，最常用的方法就是加点调味料。那么，究竟用什么调味料来搭配炸鸡块呢？让我们来实际吃吃看吧！

测试的调味料

咖喱粉

这也是相当经典的调味料了，不仅能够为菜添加咖喱的风味，还能减少油腻感。

牛至

牛芳香醇厚的辣味能够使得炸鸡块的口感更加轻盈美味。

烤洋葱粉

它证明了洋葱和鸡肉果然十分搭配。烤洋葱粉深远的香味和鸡肉堪称绝配。

柠檬胡椒

对炸鸡块来说柠檬可以说是必不可少的。让我们来试吃一下！柠檬胡椒为我们带来了不负众望的爽快口感，其中还有着咸辣的滋味。

罗勒

虽然使用罗勒会让人感觉在吃意大利菜，不过单独使用它的确会让料理的味道变得非常清爽可口。

黑胡椒粉

这可是一定要尝试的搭配。黑胡椒是能够抑制油腻感的调味品之王。

完美调味料的配比完成了！

实验结果

尝试了各种调味料的搭配组合，我们配比出的最佳美味如上图所示。香草类只要能让菜中增添少许特殊的风味即可，无须加入过多。同时，我们增添了更多能够抑制油腻感的黑胡椒。请您也务必尝试一下这种混合调味料！

实验
03 试着蘸酱食用

最后的实验我们要将炸鸡块蘸酱后再试吃。如果用甜辣酱包裹炸鸡块食用，结果果然是……

材料（2人餐）

韩式辣酱…½小勺
酱油…1小勺
酒…1大勺
甜料酒…1小勺
砂糖…½小勺

蒜粉…少量
茴香粉…微量
芝麻油…5滴
白芝麻…根据个人喜好

选用风味
独特的调味料

韩式辣酱

蒜粉

茴香粉

芝麻油

砂糖

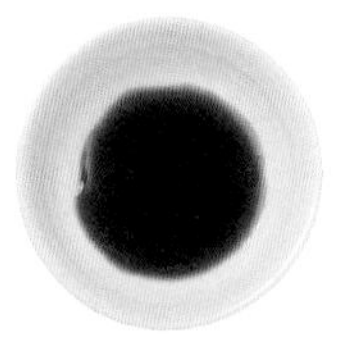
酱油

甜料酒

白芝麻

将除了芝麻油的材料放入锅中。

待水煮沸后先关一次火。

在加热后的汤汁中滴入芝麻油。

将刚炸好的炸鸡块趁热放进酱汁中浸泡入味，使用大夹子等夹取鸡肉更方便将酱汁蘸取均匀。

将剩下的酱料用刷子等工具刷在鸡块上。

实验结果

通过使用酱汁，不仅是改变了炸鸡块的味道，简直可以说是将它升华为另一种料理。酱汁的威力真是太厉害了。炸鸡块的美味虽然让人百吃不腻，不过假如某一天，您突然觉得这味道有些千篇一律的时候，不妨尝试一下搭配甜辣酱汁食用吧。加入辣味的炸鸡块更适合成年人食用，不过若是做给孩子吃的，就无须添加韩式辣酱了。

烤鸡肉串&烧烤技巧

烤鸡肉串的方法看似简单，实际上高深莫测且十分难以掌握。
而如今，您不仅可以学习到烤肉串的技巧，
还能学习如何使用炭火以及如何制作酱汁等一系列知识。
而我们的老师正是这位业界新锐“Torisawa”的老板。

摄影：苗村SATOMI

资料

中泽章先生

中泽先生曾在东京的名店进修，也学习了作为批发商应有的切肉的知识。他于2011年开设了第一家“Torisawa”店铺。在这里，您可以自己亲手用纪州备长炭烤制大山土鸡。这样新鲜的吃法很快吸引了嗅觉灵敏的美食家们。若是您愿意光临用餐，最好提前预约。

DATA

Torisawa

地址／东京都江东区 龟户 2-24-13
☎ 03-3682-6473
营业时间／18:00—23:00
周六 17:30—23:00
休息时间／周日、法定节假日

若是使用炭火烤串时，离手近的肉要选用小块，签子尖端的肉要大块

鸡肝和鸡心比较柔软，烧烤的时候容易下垂烤焦，所以请务必把它们的边缘折叠起来再烤制。鸡颈肉不能烤制太久，鸡心血管要左右各面充分烤熟等。我们要掌握每一个部位的特性才能烤出美味的肉串。

鸡翅尖

鸡里脊

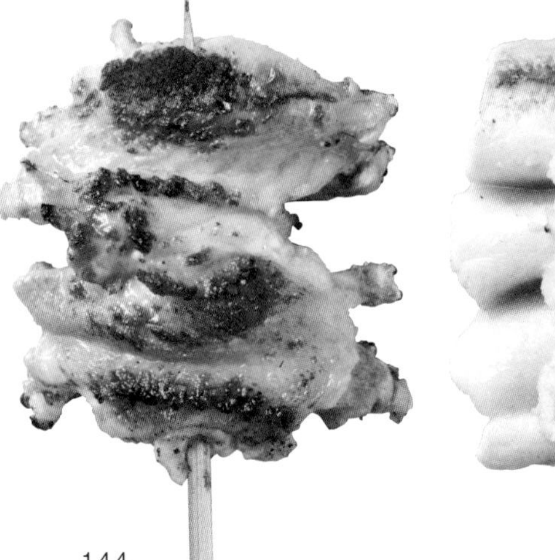

烤鸡肉串

“烧烤”的秘诀

秘诀

1

掌握鸡肉的肉质
将各个部位的特征发挥到极致

鸡肉就是一加热就会很快熟透的肉。我们要牢记这一基础知识，并根据部位的不同改变烤制的时间。

秘诀

2

在家用瓦斯烧烤的时候，
要用金属钎，并将肉展平烤制

先准备好烤鱼时用的方形平底锅以及烧烤网。因为瓦斯是从肉的外侧向内侧烤制的，所以用金属钎将肉展平串好才更不容易烤焦。

秘诀

3

制作酱汁只需要用到
酱油、甜料酒和粗砂糖

将甜料酒上锅加热，使酒精蒸发后加入酱油，再依照您的个人口味加入粗砂糖后即可关火。火候的把控对酱料制作来说非常重要。

做出美味烤串的要点

使用火力强劲的纪州备长炭时需要注意

中泽先生提醒您：“要将比较小的食材串在火力较弱、靠近烧烤者本人的一侧，比较大的食材要串在火力较强的签子顶端。这是制作肉串的基本规则。为了不让火焰蹿上来，食材中间不能有缝隙，要全部连在一起。这也是非常重要的一点。”

鸡颈肉　　鸡胗　　鸡肝　　鸡心血管

食谱 1 鸡翅尖

要多次翻面，仔细烧烤。

材料（1人餐）

鸡翅尖…76克（两根）
盐…1小撮
酒…适量

烧烤时间 5分5秒

1

切掉关节，并分别沿着粗骨和细骨，将肉切下。

食谱 2 鸡里脊

不能烤得太生，也不能太熟，当里面是半熟，而外部已经膨胀时就刚刚好。

材料（1人餐）

鸡里脊…40克
盐…1小撮
芥末…适量

烧烤时间 2分46秒

1

沿着筋从上到下切割，将筋剔除。

食谱 3 鸡颈肉

当凸出来的部分烤熟后就可以食用了。最后要往签子顶端的肉上多撒一些盐。

材料（1人餐）

鸡颈肉…46克
盐…1小撮
酒…适量

烧烤时间 5分15秒

1

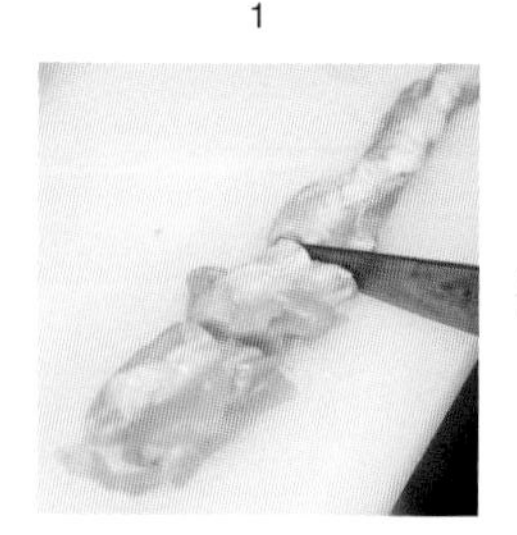

准备两份鸡颈肉。一份切成长2厘米左右的小块，另一份切成长1厘米左右的小块。

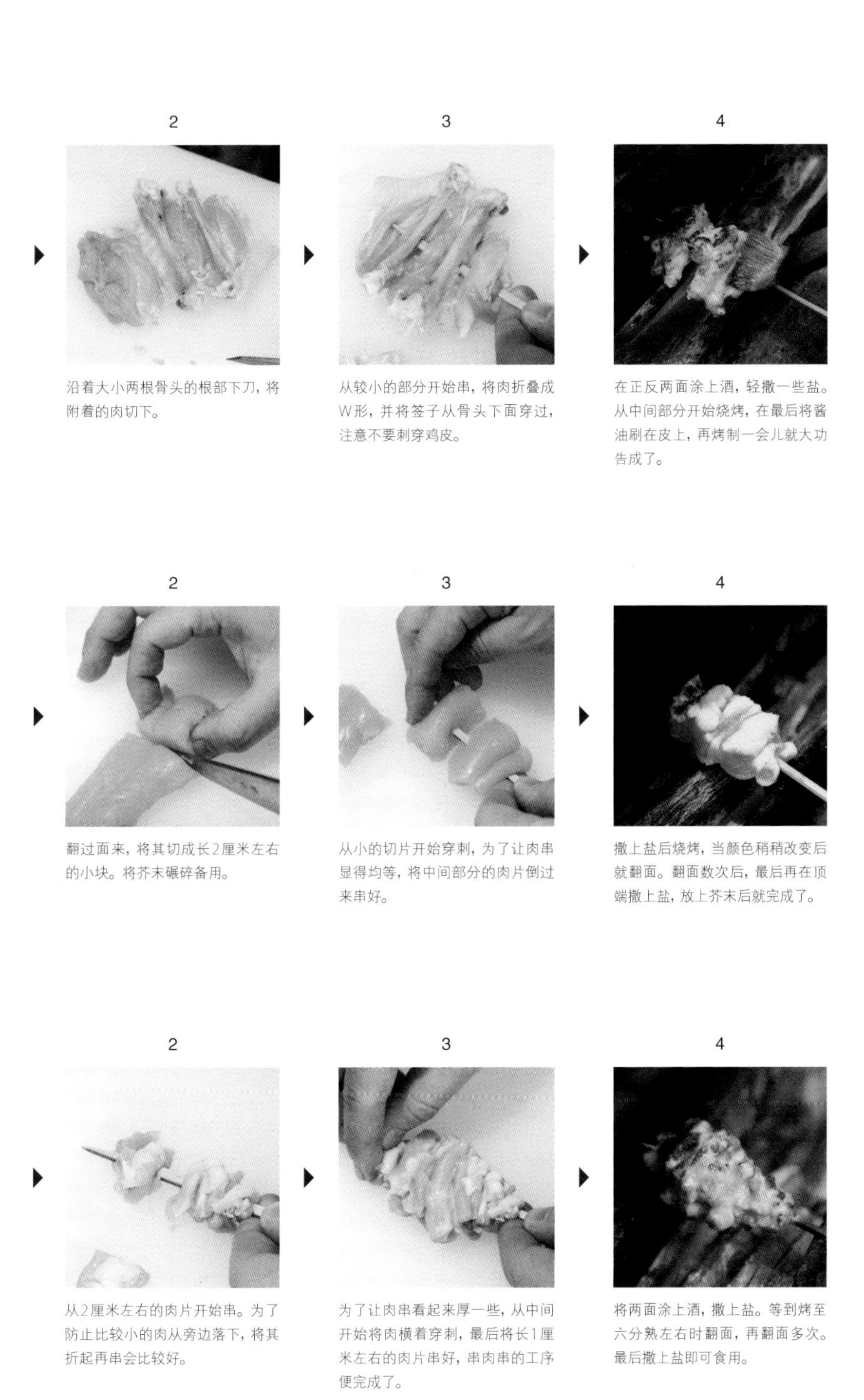

2

沿着大小两根骨头的根部下刀，将附着的肉切下。

3

从较小的部分开始串，将肉折叠成W形，并将签子从骨头下面穿过，注意不要刺穿鸡皮。

4

在正反两面涂上酒，轻撒一些盐。从中间部分开始烧烤，在最后将酱油刷在皮上，再烤制一会儿就大功告成了。

2

翻过面来，将其切成长2厘米左右的小块。将芥末碾碎备用。

3

从小的切片开始穿刺，为了让肉串显得均等，将中间部分的肉片倒过来串好。

4

撒上盐后烧烤，当颜色稍稍改变后就翻面。翻面数次后，最后再在顶端撒上盐，放上芥末后就完成了。

2

从2厘米左右的肉片开始串。为了防止比较小的肉从旁边落下，将其折起再串会比较好。

3

为了让肉串看起来厚一些，从中间开始将肉横着穿刺，最后将长1厘米左右的肉片串好，串肉串的工序便完成了。

4

将两面涂上酒，撒上盐。等到烤至六分熟左右时翻面，再翻面多次。最后撒上盐即可食用。

食谱 4 鸡胗

需要迅速烧烤，避免其变形。当鸡胗紧缩起来时就表示完成了。

材料（1人餐）

鸡胗…30克
盐…1小撮
酒…适量

烧烤时间 3分13秒

1

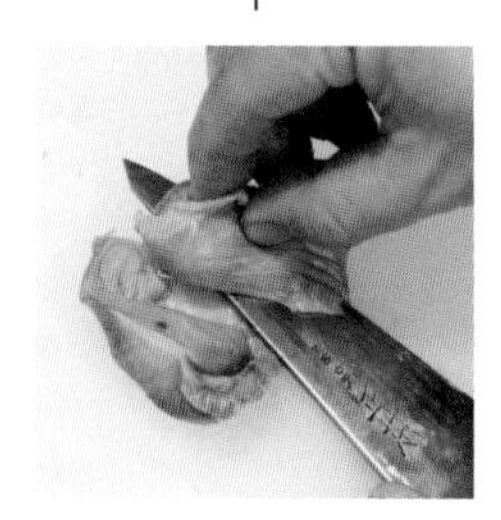

将外皮削下。

食谱 5 鸡肝

烧烤鸡肝的成败六成看火候。为了不让它变形，要在烧烤台烧烤到五成熟，之后用余温加热即可。

材料（1人餐）

鸡肝…30克
酱汁…适量

烧烤时间 2分40秒

1

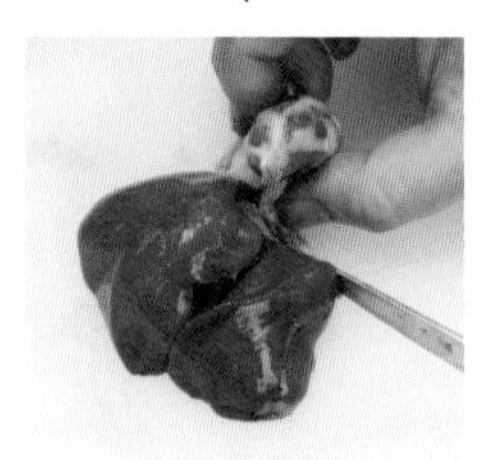

将鸡肝和血管切开，切下血管后剥下薄皮，对半切开。

食谱 6 鸡心血管

这个部位脂肪较多，注意不能烤过头、但也不能夹生。

材料（1人餐）

鸡心血管…40克
盐…1小撮
酒…适量

烧烤时间 4分52秒

1

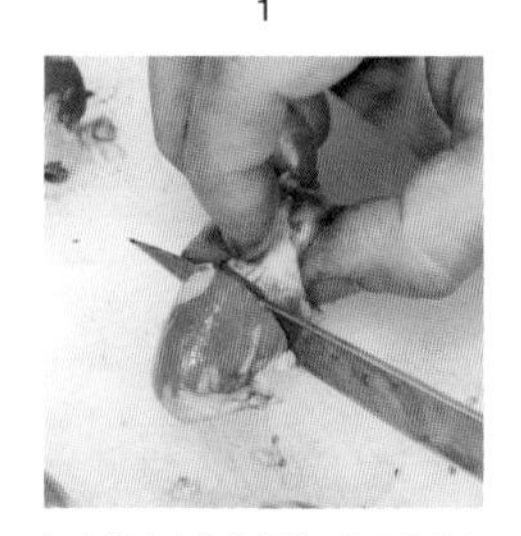

切除带有血丝的部分，然后将鸡心肉切成长2厘米左右的大小。

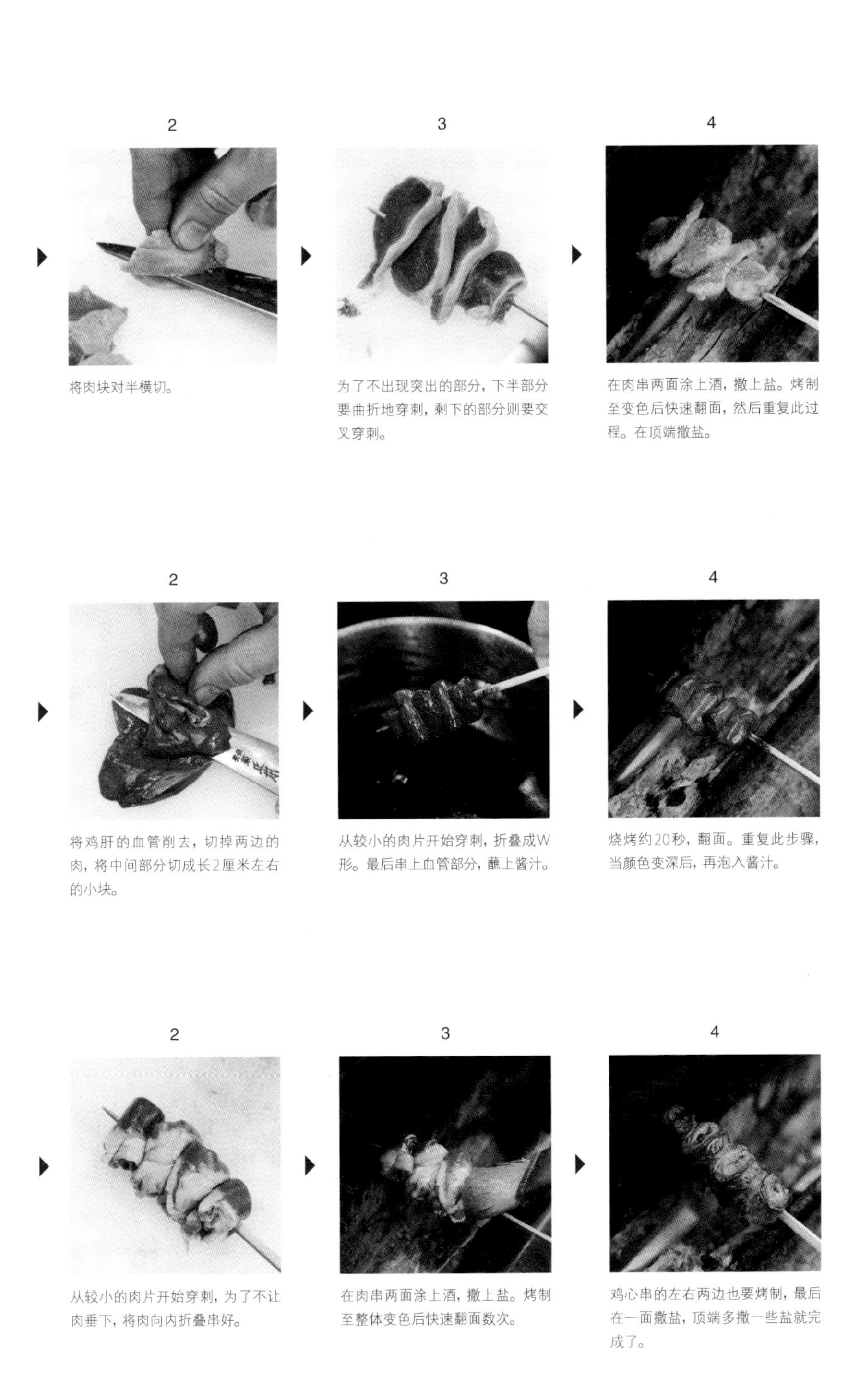

2

将肉块对半横切。

3

为了不出现突出的部分，下半部分要曲折地穿刺，剩下的部分则要交叉穿刺。

4

在肉串两面涂上酒，撒上盐。烤制至变色后快速翻面，然后重复此过程。在顶端撒盐。

2

将鸡肝的血管削去，切掉两边的肉，将中间部分切成长2厘米左右的小块。

3

从较小的肉片开始穿刺，折叠成W形。最后串上血管部分，蘸上酱汁。

4

烧烤约20秒，翻面。重复此步骤，当颜色变深后，再泡入酱汁。

2

从较小的肉片开始穿刺，为了不让肉垂下，将肉向内折叠串好。

3

在肉串两面涂上酒，撒上盐。烤制至整体变色后快速翻面数次。

4

鸡心串的左右两边也要烤制，最后在一面撒盐，顶端多撒一些盐就完成了。

酱料与盐、胡椒决定胜负

胡椒专家

▼

资料

店主

胜又圣雄

胜又先生曾在旅行中饮用印度茶，并被它的美味和功效深深打动。于是他投身香料研究，至今已经有二十余年。他接下订单后会给客人提供新鲜研磨好的香料，因此坐拥了大批的粉丝。

DATA

香辛堂

地址 / 东京都目黑区自由之丘 1-25-20

☎ 03-3725-5454

营业时间 / 11:00—19:00

休息时间 / 周三、每月第四个周四（会有不定时休息）

盐专家

▼

资料

盐专家

片野晃

从历史到海外的动向，再到产地、做法等，片野先生通晓关于盐的一切。他平时还会随身携带一个特殊的盒子，里面装着各种他喜欢的盐。他还不断地尝试盐与各种料理的组合搭配，这些努力令他成为“盐界的强者”。

DATA

盐屋麻布十番店

地址 / 东京都港区麻布十番 1-7-3

☎ 03-6447-4150

营业时间 / 11:00—21:00

休息时间 / 全年无休

厨师们都不约而同地说道，如果要做肉料理，盐和胡椒一定要用得讲究。
如果您对肉有着自己的执着，请您也务必掌握这两种调料的用法。

摄影真＝泽田圣司/铃木裕介

如今是挑选不同的盐和胡椒的时代

请想象一下，如果您获得了一块“世界上品质最好的肉”，您会进行怎样的处理呢？在您的设想中，会不会用到盐和胡椒呢？“正是因为人们追求胡椒，才会开启风云变幻的大航海时代的序幕”，在东京自由之丘地区经营香料专营店“香辛堂”的胜又圣雄先生如此开口道，“欧洲各个列强国家的人们渴望得到只在印度等地种植的香料，才会向着那些出产地进发，从而进行殖民化统治。香料特殊的香味一定是弥补了欧洲菜式中曾经缺少的美味吧”。另一边，在东京麻布十番地区经营食盐精选店“盐屋”的盐专家片野晃先生则为我们讲述了盐的起源：“和您想象的一样，从史前时代开始，海洋变化为现在模样，盐也在那时就一起诞生了，并随着世界各地采盐技术的建立而传播开来。从生物学的角度来讲，已经离开海洋登上陆地的动物也需要摄取和在海中生活时等量的盐分，所以它们需要通过捕捉食草动物补充盐分。不过，人类却选择了直接提取盐来食用！”盐对我们的生存来说是必不可少的。所以在日本直到几年前盐还是只有国有企业才能够贩卖的特供品，这样也保证了盐的价格能够保持低廉稳定。

“食盐的国有策略在1997年才被废止。这几年国内外的盐都可以流通贩卖了。”而盐屋实际上售卖的盐种类多达360种，每一种盐都有着自己独特的味道。那么，胡椒又是怎样的呢？胜又先生为我们如此解说道：“日本可以说是香料的后进国家。现代社会我们可以享受到世界上不同地方的不同料理，那么自然会和自己的食物味道进行比较。这样的情况下人们也会逐渐提高对香料的重视程度，流通自然也加强了。辣度和香味的强弱、加入菜品中的色、香、味都是选择胡椒时需要考虑的关键。”

听了这两位专家的讲述，我们可以感受到日本人仍处于对盐和胡椒不怎么抱有兴趣的时期。但是，现在时机已经成熟了。就像是我们选择肉的时候会考虑其产地、部位，如今这个时代，我们在烹饪的时候也应该根据菜品的不同挑选不同的盐和胡椒。

如今备受瞩目的

盐

盐可不只有咸味

有尝起来是甜味的盐，也有苦味的盐

瓶子看起来十分时尚，而它的瓶塞上贴有写着“帕杜利埃”名字的贴纸。每瓶1188日元/ 125克（盐屋）

盐1 卡玛格 天然盐之花（Camargue fleur de sel）

买的时候需要点名制作者的名字才能购买？

这款法国产的盐采用完全日照晒干的方法制作，不含杂味，包装上还印有制盐人"帕杜利埃"的名字。

法国厨师都有自己指定的工匠，盐的等级也因工匠的不同而有所变化。您不妨亲自体验一下这种指定制盐人的新体制。

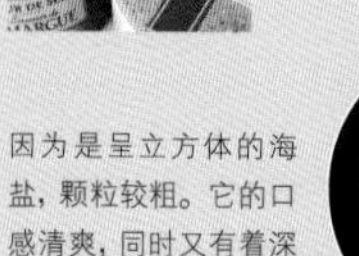

因为是呈立方体的海盐，颗粒较粗。它的口感清爽，同时又有着深邃的浓郁味道，与食材相得益彰。

盐2 黑盐片（Fiocchi di Sale Nero）

黑盐片是盐，却是纯黑的

在表面涂上食用竹炭的海盐有着调整肠道环境的功效，而用它调味的牛排和沙拉的外观也相当地富有个性。这种盐原产于塞浦路斯岛，特征是其外形呈现被称作“托雷密”的金字塔形。

“Fiocchi di Sare”这一系列还有薄荷涂层调味款和熏制款。

虽然这种盐颗粒较大，但是在口中将其嚼碎时的口感也不失为一种乐趣。750日元/28克（盐屋）

葡萄酒瓶形状的容器看起来相当时尚，作为装饰放在厨房中也尽显品位。从左至右分别是美乐（Merlot）、西拉（Syrah）、长相思(Sauvignon)。这三种均为酿制葡萄酒的葡萄种类名称。

盐3 红酒盐（Sel de Vin）

令人不禁赞叹的发展成熟的风味盐（Flavor Salt）

风味盐正在成为盐中的一个成熟的流派。而它的终极代表作就是这一系列。将法国产的盐混合了三种红酒的香味，而其适用之处也不难想象：长相思适合烹饪海鲜，做肉料理则用西拉，而美乐则多用在奶酪上。

含有百里香和鼠尾草，可以像混合香料一样用于烹饪。每种 1404日元/70克（盐屋）

\ 如今备受瞩目的 /

胡椒

辣味和香味的强弱，

加入菜品中的色、香、味都是选择胡椒时需要考虑的关键

这种胡椒有着润泽弹牙的口感和特殊的辛香，能为您的菜肴锦上添花。

玻璃瓶装吴哥胡椒。生吴哥胡椒1500日元/50克

胡椒 1　柬埔寨产生黑胡椒

不进行干燥处理而产生的令人惊喜的“生”口味

曾经被誉为“世界第一风味”的柬埔寨胡椒也随着当地的内战而销声匿迹。在恢复生产后，为了最大程度保留胡椒的原始风味，这种生胡椒应运而生。虽然为了保证运输会进行盐渍，不过它仍旧有着新鲜香味和鲜明特殊的口感。

胡椒 2　印度产绿胡椒

在胡椒界备受瞩目的新选择

在绿胡椒还是种子的时候，它和黑胡椒一样，在完全成熟之前就可以采摘了。不过绿胡椒的香味比起黑胡椒更加柔和，又比白胡椒浓郁。一直以来人们只能在黑胡椒和白胡椒中二者选其一，不过现在绿胡椒就是第三个选择，也是比较折中的选择。

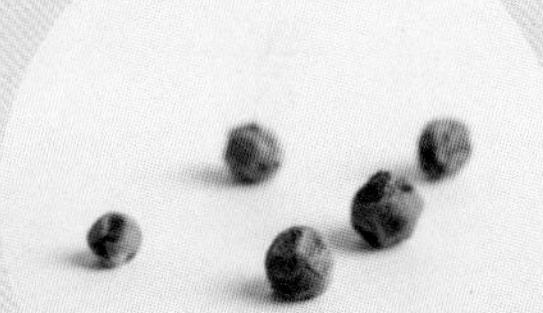

因为绿胡椒是绿色的，用它做出的料理也不会变黑。900日元/30克（香辛堂）

无论是完整的还是研磨过的熏制黑胡椒，外表看起来都和一般黑胡椒别无二致。800日元/40克（香辛堂）

胡椒 3　马来西亚产熏制黑胡椒

辣味+香味+熏香！

使用樱桃木片熏制而成的黑胡椒不仅给人一种烟熏的味道，还能进一步提升食材的味道。在制作肉菜时可以加入一些作为隐藏调味料，而胜又先生还推荐您用它来制作黄油炒蛋。

单纯的调味容易令人产生审美疲劳，而解决这个问题的方法就是使用酱料！在这里，我们就传授给您几种能令您的客人不禁拍手称快的惊喜酱料吧！

食谱考证：小笠原圭介
（OGASAWARA RESTAURANT 主厨兼老板）
地址／东京都新宿区荒木町6－39 GARDEN TREE B1F
☎ 03－3353－5035

01
酱料
红辣椒&番茄酱

02
酱料
红酒椰汁酱

06
酱料
爆米花松露酱
03
酱料
奶酪芥末酱
05
酱料
巧克力香醋酱
04
酱料
香脂醋（Balsamic
vinegar）薄荷酱

红辣椒&番茄酱

材料（2人餐）

红辣椒…1根	盐…适量
半干番茄…1颗	风干牛至…1小撮
橄榄油…10克	干辣椒粉…1小撮

融合了三种风味的佳作

这道融合了甜味、酸味和微辣味道的酱料和红肉十分相配。

【制法】用喷枪烧制辣椒，然后将辣椒皮剥下，与剩下的其他材料一起放入真空包装中，用90℃左右的热水煮30分钟。然后用搅拌机将其打碎至糊状。

红酒椰汁酱

材料（2人餐）

红酒…100毫升	西班牙雪利醋…5克
小牛肉汤精…30克	椰子油…5克

适合搭配生肉的新式红酒酱

这是一种适合鞑靼牛排等生肉菜式的黏稠酱料。

【做法】将红酒倒入酱料煮锅煮沸，待红酒蒸发至⅓的时候关火。将小牛肉汤精、西班牙雪利醋、椰子油分别下锅搅拌。

奶酪芥末酱

材料（2人餐）

牛奶…100克	粒状芥末…适量
帕尔玛奶酪…40克	盐…适量
第戎芥末酱…适量	

鲜美味道和浓郁口感带来的双重享受

在外国产的风味鲜明的红肉面前味道也丝毫不落下风的奶油状酱料，一定会给您带来打破传统的美味。

【做法】将牛奶和帕尔马奶酪放入锅中煮沸。然后放入搅拌机中进行搅拌。最后再放入两种芥末，撒上盐就完成了。

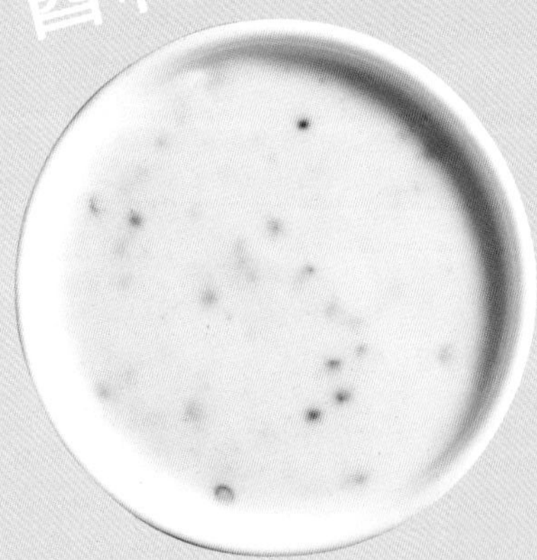

香脂醋薄荷酱

材料（2人餐）

香脂醋…15克
寿司酱油…15克
薄荷叶…5克
白胡椒…1小撮

有着清爽口感的复杂味道

醋和薄荷，两种不同又鲜明的清爽口感交织形成了这样独特的酸味酱料。这样的口感一定能够充分发挥出和牛脂肪的美味。

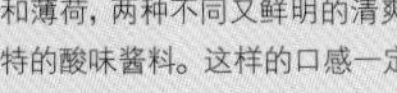

【做法】将所有材料加入搅拌机，搅拌至糨糊状。然后再点缀一些（上述材料以外）额外的薄荷叶就完成了。

巧克力香醋酱

材料（2人餐）

巧克力…40克
克莱门醋…15克
热水…100克
盐…适量

能为客人们带来惊喜的“意外口味”

克莱门醋独有的柑橘酸味，加上巧克力的苦味，搭配红肉或者野味十分美味。

【做法】将所有材料加入搅拌机，搅拌至浆糊状。然后再在成品旁点缀一些（上述材料以外）额外的固体巧克力就完成了。

爆米花松露酱

材料（2人餐）

澄清黄油…20克
爆米花…20克
热水…100克
松露酱…10克
盐…适量

香味拔群的酱料

爆米花和松露酱的香味彼此相辅相成，能令烤牛肉更添几分美味。

【做法】将热水和澄清黄油、爆米花加入搅拌机，搅拌至浆糊状。然后再加入松露酱和盐，最后在成品旁点缀爆米花就完成了。

用调味油收尾，宣告胜利收官！

若想令您的菜品再增添一些色香味，最合适的小技巧便是用油。它不会让菜的味道产生剧烈的变化，所以要根据风味来进行调味。

浓缩美味调味油

双重橄榄调味油

混合香草调味油

混合香草调味油 油01

材料（2人餐）

罗勒…10克
莳萝…10克
意大利芹…10克
茴香芹…10克
日本太白纯芝麻油…100克

“青翠”带来的新鲜口感

虽然是用的芝麻油，但是因为日本太白纯芝麻油没有杂味，能够做出相当清爽的调味油。如果您在吃牛排时追求肉的新鲜口感，请务必尝试这种调味油。

【做法】将所有材料放入搅拌机搅拌、最后用滤茶网过滤掉杂质。您还可以根据喜好加入薄荷叶。

双重橄榄调味油 油02

材料（2人餐）

黑橄榄…100克
EXV橄榄油…50克

正所谓“简单就是最好的”

制作方法非常简单。但是正因如此，它那深奥又复合的味道让人顿生好感。这种堪称万能的调味油适合烤牛肉等各色肉菜，用处多多。

【做法】将切碎的黑橄榄放入橄榄油中即可。

浓缩美味调味油 油03

材料（2人餐）

米糠油…10克
昆布…10克
木鱼花（鲣节）…10克
牛肝菌…10克
生姜…10克

让人心悦诚服的“美味”！

这种调味油融合了日本特色汤底和意大利菜必不可少的牛肝菌，想必能为您的菜品带来更多的美味。

【做法】将所有材料都放入真空包装中，以60℃左右的热水煮60分钟。然后再根据您的喜好放入一些干制食物点缀即为完成。

将新鲜的番茄切半，其中一半与其他材料返回锅中煮至水分蒸发，然后再将剩下的半个番茄放入锅中，新鲜的酱料就完成了。

决胜法宝
酱料

熟透的番茄和佩皮特酱

我们的老师是

DATA
主厨兼老板
小笠原圭介 先生

小笠原先生在东京的荒木町经营着以自己名字冠名的“OGASAWARA RESTAURANT”。他经验丰富，本领扎实，为了一品主厨手艺特意前来的客人可谓是络绎不绝。

让烧烤变得更加美味！

只要酱料用得好，肉菜品质变更高

在烤肉时，不可或缺的就是酱料。让我们为您介绍几种能做出香味扑鼻、口感浓郁的肉菜的菜谱吧！

摄影：平安名栄一

家常汉堡肉饼

鲜嫩肉馅被牢牢锁住
酸酸甜甜的浓郁美味

熟透的番茄新鲜甜美的味道加上腌辣椒的酸味，果味十足的鲜美酱料足以中和肉饼带来的油腻感。

材料（2人餐）

牛肉馅（精切）…220克
猪肉馅（精切）…80克
（以牛肉8成、猪肉2成的配比混合）
盐…少许
胡椒…少许
面包糠…少许
蛋黄…1个
水煮过的洋葱

酱料

甜味小番茄…3个
大蒜…少许（切丝）
卡菲尔酸橙（箭叶橙）的皮…少许
腌辣椒…2根
佩皮特酱…少许

❶将牛肉馅、猪肉馅和其他材料混合在一起，放入冷藏库放置。
❷从冷藏库中取出后，为了防止体温将肉捂热，建议小心而迅速地将肉做成饼状。
❸将油倒入平底锅中，用大火加热，等到锅完全热好后，将火调至小火，放入肉饼。
❹将煎好的肉饼放入托盘，使其降至室温。然后放入烤箱中，以200℃加热8分钟左右。
❺关闭烤箱，用余温继续加热10分钟。
❻确定肉饼从内而外都已经熟透即可出锅。搭配酱料食用。

小贴士

在将食材混合时，若是用力挤压会对口感造成不良影响。
建议使用铲子一类的搅拌。

决胜法宝
酱料

红酒椰子酱

酱料菜谱

以红酒为基底，花费大量时间制造而成的这种酱料口感十分浓郁。在调好酱料后再加入切碎的蜂斗叶的花茎，不仅能令酱料的颜色更加丰富，也能让味道尝起来更加清爽。

超高温烤制但马牛肉

将烤箱设置为高温，算好时间，耐心等待完成的瞬间吧！

这道烤牛肉需要花费2小时才能完成。其间还要将牛肉反复从高温烤箱中放入拿出几十次。烤制的时间每次都在递减，最后则是利用烤箱的余温将牛肉完全加热。

材料（2人餐）

牛肉…300克
盐…少许
胡椒…少许

酱料

煮熟的红酒…1大勺
椰子油…1小勺
用肉汤、蔬菜、红酒等煮成的肉汤…1大勺
蜂斗叶花茎…1根

❶将牛肉从冷藏库中取出，放置至室温。
❷在烤肉前，先在表面撒上少许盐和胡椒，再放入事先已经预热至高温的烤箱中。
❸烘烤至牛肉表面变色。
❹将牛肉的正反面、侧面全部烤至变色。也可以使用小锅来将表面烤至变色。
❺烤制一段时间，放置使其降温；再烧烤一段时间，放置使其降温，重复此步骤2次。
❻待肉完全熟透后就可以出锅了。用烤箱的余热慢慢将肉加热，最里面大概是四分熟（Medium Rare）的状态。搭配红酒椰子酱食用。

小贴士

若是短时间内将一大块肉迅速烤熟，肉的中心部分容易夹生且味道腥臭。用高温耐心地慢慢烤熟，才能得到美味四溢的成品。

决胜法宝

酱料

加入醇香的榛子

酱料菜谱

口感丰富的意大利辣酱加上炒得香脆醇厚的榛子，将它们混合加热，蒸发掉水分变成糨糊状后，酱料就大功告成了。它看起来就像是西餐里的拌饭酱一样令人食指大动。

鹿儿岛黑猪肋排烤肉

在享受猪肉的美味同时，还能尝到榛子的浓香

虽然猪肉本身发白，味道也较淡，不过我们选用肥瘦肉比例正好的肋肉就能让它变得多汁美味。有着恰到好处的酸味和芬芳气息的意大利热蘸酱与炒榛子制成的黏稠酱料口感温和，真可谓是烤猪肉的绝佳拍档。

材料（2人餐）

带骨肋排肉…400克
盐…少许
胡椒…少许

酱料

榛子碎…15克
椰子油…1小勺
意大利热蘸酱…1大勺

❶猪肉排上大块的脂肪会导致口感油腻，但是若是将肥肉都除去，肉的口感也会变差，需要保持一个良好的平衡。

❷将肥肉的部分用菜刀切出细密刀痕，加热使其融化。

❸在切出纹路的肥肉中撒入盐和胡椒。

❹从脂肪部分开始煎制肉排，因为脂肪会受热融化，所以不需要事先加入其他油热锅。

❺将肉的每个表面都煎至变色。

❻待肉完全熟透后就可以出锅了。搭配酱料食用。

小贴士

若是将融化的脂肪就这样放着不管，粘在肉上的脂肪会氧化并且会使肉的味道变差。在完成后还是需要仔细地将脂肪刮除比较好。

决胜法宝
酱料

焦糖诱惑

酱料菜谱

若想做出焦糖色的酱料十分简单。在甜辣口味的酱油基底酱汁中加入带有酸味的西班牙雪利醋，调味并加热即可完成。将这种酱抹在肉上再煎烤，能让肉排充分入味，成为浓郁喷香的大餐。

法式油封猪肋排肉

外皮爽脆
内里多汁的多重美味

猪肋骨附近的肉，也就是所谓的猪肋排肉有着适量的脂肪和美味的肉质，可谓是绝佳的食材。这道菜将猪肋排的表面烤得酥脆可口，内里侧牢牢锁住了肉汁，能令您品尝到猪肋排肉鲜嫩多汁的美味。

材料（2人餐）

猪肋排肉…300克※
※需与以下材料混合并炖煮3小时
昆布…2片　葱…1根
帕尔玛奶酪块…100克、
洋葱…2颗番茄干…10克
大蒜…1瓣生姜…300克
牛肝菌干…20克

酱料

西班牙雪利醋…100克
日本溜溜酱油…30克
日本素焚糖…15克

❶准备一块上好的猪肋排肉。

❷准备配料。

❸将生肉放入锅中，加入昆布、蔬菜、香料和奶酪等开始炖煮。为了不让水沸腾，在中火、小火中来回切换，要仔细看着锅中的状况，耐心炖煮约3小时。

❹将炖好的肉排放入冷藏库冷藏一晚，取出后放置至室温，将水分擦除后，仔细将两面都煎熟。因为本来就已经是经过炖煮了，待到表面烤得变色后即可停止。

❺用小刷子将酱料抹在肉上。涂抹两三层后，待酱料凝固就能得到外表酥脆的口感了。

❻待焦糖色的酱汁渗入肉中后即为完成。

小贴士

在炖煮猪肋排肉的时候若是将水煮沸了，会让肉的味道变得苦涩难吃。请一定注意控制火候，不要煮沸。

决胜法宝
酱料

加入山椒和文旦柚

酱料菜谱

在以芥末酱为基底的酱料中加入切得细碎的文旦柚的果肉和香气扑鼻的柚子皮。芥末酱的酸味和文旦柚的水果香气完美融合，成就了这道绝妙酱料。

炭烤丹波地鸡肉串

饱含鲜嫩的肉汁，
用柑橘类的酱汁为肉菜带来浓郁的果香

清新爽口的水果酱汁与鸡肉十分搭配。鸡肉比起牛肉和猪肉更好处理，重点就是用炭火慢慢烤制。这样，肉汁就会被牢牢锁在肉中，您可以尽情享受多汁的美味。

材料（2人餐）

鸡腿肉…1块
盐、胡椒…少量

酱料

文旦柚…1/10颗
文旦柚皮…1小勺
大白芝麻油…1大勺
花椒…少许
第戎芥末酱…1小勺
添加了核桃的颗粒芥末酱…1小勺

❶在开始烤制前用小风扇等工具吹拂鸡肉30分钟左右，使得鸡肉表面变得干燥。
❷用高温炭火从外至内仔细烧烤。
❸烤至肉中的脂肪渗出，落入炭火中引发蒸汽为止。
❹待一面烤至变色后，翻面继续烤制另一边。
❺因为是用炭火烧烤的，鸡肉遇热也会收缩，所以用签子把肉串起来是最为理想的。
❻当确认鸡肉已经从里到外都熟透了，就可以轻轻撒上一些盐和胡椒，然后将肉从签子上卸下，浇上事先做好的文旦柚酱汁，就可以端上餐桌了。

小贴士

若是在鸡肉表面仍有水汽时就烧烤，就无法烤出外焦里嫩的口感。
在烧烤前要将表面充分晾干正是做好这道菜的关键。

\ 想要知道更多 /

肉料理菜谱

从主菜到前菜，包括盖饭等各种肉菜。
能够点缀餐桌，
让整个宴席锦上添花。
接下来就让我们为您介绍几道
不仅能满足胃口，
更能让人的心情高涨，
十分适合招待客人的肉菜。

吃着这道小菜，
会让人不禁想要
再喝一杯红酒！

菜谱 01

自制猪舌肉火腿

将猪舌肉放入酱料中耐心地浸泡，使其入味，再经过蒸煮，使那份鲜美愈发凝练，美味也更上一层。直接这样食用也相当不错，不过搭配上带有酸味的法式沙拉调味汁，效果更佳。

如何制作

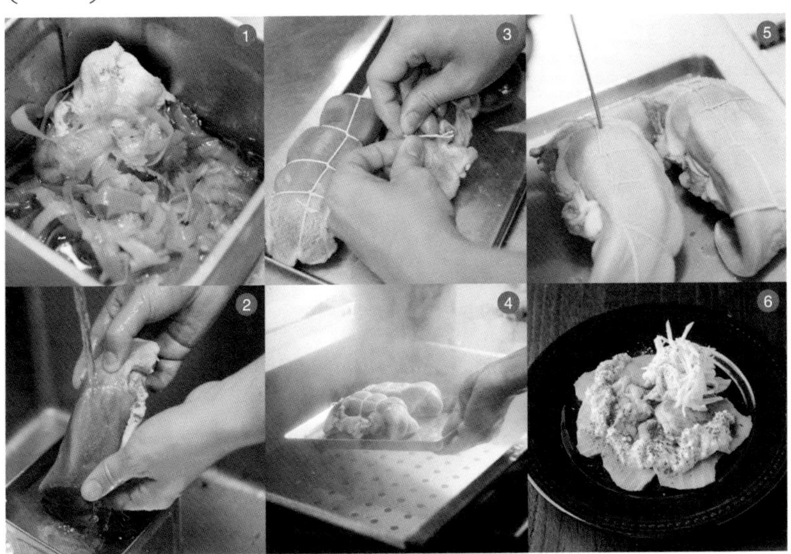

材料（2人餐）

猪舌肉…1千克
巴斯克产辣椒粉…适量

【腌渍酱料】
盐…45克
水…500克
三温糖…10克
黑胡椒…10粒
洋葱…1颗
胡萝卜…1根
芹菜…1根
大蒜…2颗
欧芹茎或者百里香等…2～3根

【调味酱料】
白水煮蛋…1个
欧芹…20克
葱头…半颗
（或者¼颗洋葱）
芥末籽…1小勺
法式沙拉调味汁…少许

做法

❶将水和腌渍酱料的原料放入锅中煮沸，再放入切成适当大小的蔬菜，待锅中再次沸腾后关火，腌渍猪舌肉。

❷将步骤❶中制作的材料放入冷藏库腌渍1～3天后取出，用流水冲洗两三分钟，将多余盐分洗去。

❸用厨房用纸轻轻擦拭猪舌肉，为了防止它在烹饪过程中变形，用绳子绑好形状。

❹用蒸锅以95℃～100℃的温度蒸50分钟左右。当然您也可以水煮，但是蒸煮不会让肉中的美味流失，成品也会更加可口。

❺可以用铁钎刺进肉中，检查肉的中心是否熟透。去热降温（译者注：指将肉降温到用手碰触不会太热的程度），然后剥去外皮，切片。

❻最后在肉片上淋上调味酱汁和巴斯克产的辣椒粉，在装盘时可以再根据您的喜好额外添加一些沙拉。搭配调味酱料食用。

调味酱料的制作方法

❶将白水煮蛋、欧芹和葱头切碎。

❷往其中再加入芥末籽 和法式沙拉调味汁混合。

我们的老师是

BAR VAPEUR

在银座回廊大街有这么一家法式酒吧“VAPEUR”。这个店名在法语中是“蒸汽”的意思。就像是店名所说的，这家店主要经营的就是用“蒸汽”烹饪而成的菜品，还提供以法国西南部“巴斯克地区”为主题的菜品。在这家酒吧，您还可以享受到轻松休闲的法式家常菜以及塔帕斯（Tapas，指西班牙的一种精致的餐前小吃）。

DATA

BAR VAPEUR

地址／东京都中央区银座8-3
先西土桥大厦101
（银座回廊大街沿街）
☎ 03-3571-8878
营业时间／周一—周五 17:00—第二天 3:00
周六：15:00—第二天 3:00、周日：15:00—第二天 1:00

菜谱 02

啤酒牛肉

这种使用了啤酒腌渍的牛肉肉质更加柔软，味道也更加绝妙。如果掌握了个中诀窍，牛排自不必提，爆炒、清蒸……这个烹饪技巧一定在各种做法中都会发光发热。

材料（2人餐）

牛肉（牛排专用腿肉）…2块
啤酒…150毫升左右
大蒜（切半）…1片
盐…小半勺（或更多）
黑胡椒…适量
色拉油…适量
水芹菜、芥末籽…适量

做法

❶将牛肉放进有拉链的保鲜袋中，注入啤酒。根据个人口味也可以加入切开的蒜瓣。
❷在冷藏库中放置1小时到半天时间。
❸在热好的油锅中倒入色拉油，然后将肉上的啤酒擦拭掉，开始煎烤牛肉。在肉表面撒上盐、胡椒。
❹煎烤1分钟左右（烤至表面变色）即可翻面。在表面撒盐，再煎烤1分钟。
❺将肉取出，用锡箔纸包裹2～3分钟，使其降温。和水芹菜和芥末籽装饰。

要点

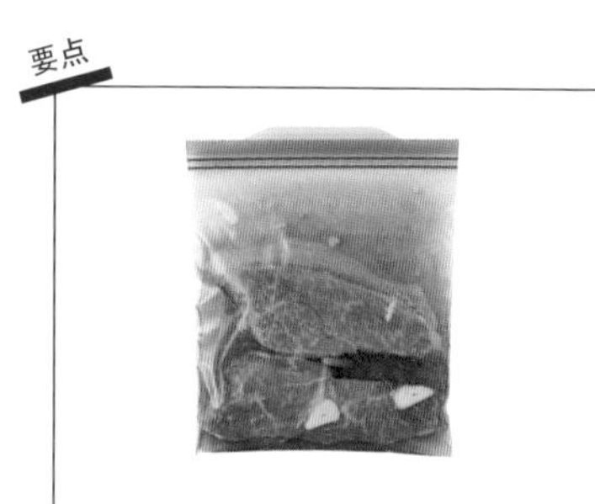

如果您想要将肉放置半天以上的话

如果您想要将肉在冷藏库冷藏2～3天，可以先将肉泡在酒里半天，然后将啤酒全部倒出，再将肉放入保鲜袋中，拉上拉链，密封保存。

菜谱 03

味噌牛肉

将牛肉放在味噌床（译者注：以味噌为底料，加入其他调料制成的一种调味料）中1～2天，就可以得到有着味噌风味、味道醇香的味噌腌牛肉。这之后我们建议将其切成5～6厘米、厚度7～8毫米的角柱形肉片，混合酱油、酒、甜料酒和蔬菜做成一道美味小炒。

要点

来做个自己原创的味噌床吧！

将味噌、酱油、甜料酒、砂糖以10：3：1：0.5或10：4：2：0.5的比例制作味噌床。根据您腌制肉的时间不同，肉也会更加入味，所以根据您的喜好来腌制即可。

如何制作

材料（5人餐）

牛里脊肉…600克

【腌渍酱料】

白味噌…600克

溜溜酱油…1大勺

苹果…1个

酒…2大勺

甜料酒…2大勺

白酱油…2大勺

并根据您个人喜好准备适量的调味料或香草类等

做法

❶将苹果擦成细丝，放入容器中，加入白味噌、溜溜酱油、酒、甜料酒、白酱油，充分搅拌做成腌渍酱料。您可以一边品尝味道，一边加入喜欢的调味料或者香草类，对酱汁进行调味。苹果带皮也可以。推荐您选用不会喧宾夺主影响肉味的白味噌。

❷将肉上的水分用厨房用纸擦去，再放入步骤❶中制作的调味酱料中腌渍1～2天，使其入味。要食用的时候，将牛肉从酱料中取出，适当擦去一些酱，用中火将肉烤至四分熟左右，此时口感最佳。如果您想要吃烤肉，也可以用步骤❶中制作的酱料涂抹在肉上烤制。

菜谱 04

无花果、马斯卡彭慕斯和生火腿茶巾绞

想要品尝令人心情澎湃的诱人小菜，那就来试试无花果吧。无花果无论是色泽还是口感都令人满意，将它满满当当塞入菜品之中，精心摆盘，看着这无比上镜的精妙成品，您的心情一定也会为之高涨。

材料（搭配5颗无花果的材料）

马斯卡彭慕斯…250克
精制白砂糖…5克
生奶油…150克
明胶粉…5克
生火腿…50片
无花果…5颗
雪维菜…根据个人口味
黑胡椒…根据个人口味
EXV橄榄油…适量

做法：

❶用搅拌机将生奶油和白砂糖充分搅拌好后，将马斯卡彭慕斯在常温下融化，混合明胶粉。将两种混合物混合在一起搅拌，注意不要将气泡破坏。之后将它们放入冷藏库30分钟左右，令明胶粉凝固。

❷将桌上铺好保鲜膜，放上生火腿，再在生火腿上面放上无花果，用较深的圆勺将步骤❶中制作的食材铺在上面。

❸将保鲜膜卷起，将食材塑形成茶巾绞的形状（外形类似小笼包）。

❹剥下保鲜膜，将食材切成四等份。加上雪维菜，撒上胡椒，淋上一圈EXV橄榄油。

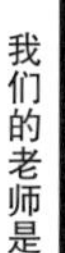

我们的老师是

田嶋善文先生

田嶋先生首先开设的就是创意料理店。不拘泥于日本料理、意大利菜等框架，他不断地累积着各种经验。在澳大利亚，他见识到了各个国家料理的独特性，深受冲击，于是下决心走如今不固守理论的自由风格，而这样的风格也得到了大众的青睐。

要点

全身心的投入只为了最佳的口感

这道菜的重点在于“马斯卡彭慕斯”。虽然只是将三种食材包裹成茶巾状，是一种非常简单的料理，但是单吃马斯卡彭慕斯口感可并不好，需要我们加入明胶粉来增加爽口Q弹的嚼劲。

DATA

NAMIDA

地址／东京都世田谷区北泽2-28-7
☎ 03-6804-7902
营业时间／18:00—第二天1:00
休息时间／不定时休息

菜谱 **05**

镇江黑醋糖醋肉

鲜嫩可口的糖醋肉如果不用绍兴酒而是用红酒制作会怎么样呢？我们就这样得到了这份能做出柔软美味、入口即化的糖醋肉的奇妙食谱。

DATA

御田町 桃之木

地址／东京都港区三田 2-17-29
欧若拉三田 105
☎ 03-5443-1309
营业时间／ 17:30—22:00
休息时间／周三、每月第二个周二

我们的老师是

小林武志先生

小林先生在辻调理师烹饪学校学习烹饪技巧后，曾在母校留任教师长达8年。后来他曾经就职于吉祥寺的“知味竹炉山房”、新桥“SINAYAMU”等名店，在2005年开设了“御田町 桃之木”并自己兼任主厨。

如何制作

材料（4人餐）

猪五花肉…400克
Ⓐ
- 水…2000毫升
- 中式酱油…800毫升
- 砂糖…100克
- 老酒…150毫升

葱…适量
生姜…适量
片栗粉…适量
莴苣…适量
石榴…适量

【黑醋酱汁】
水…200毫升
老酒…200毫升
砂糖…200毫升
中国黑醋…200毫升
中国酱油…100毫升

做法：

❶将猪五花肉切成7厘米左右的长块。
❷将Ⓐ的材料放入锅中，再放入肉，烹煮约20分钟，让肉充分熟透。为了去除腥味，增加香味，在锅中加入葱段和生姜。
❸将肉取出，切成约90克的小块。
❹在快要下油锅前，将肉再裹上一层薄薄的片栗粉。
❺将肉块以150℃左右的油温煎炸。
❻在铁锅中倒入【黑醋酱汁】中的材料，煮至汤汁变黏稠。
❼将酱汁浇在炸好的猪肉块上。
❽在盘中放上莴苣，将猪肉摆盘，再在一旁撒上一些石榴粒。

要点

要选用好的肉

为了享受柔软的口感，我们选用了猪五花肉。在“桃之木”，厨师精选了茨城县产年糕猪的五花肉。越是优质的肉，脂肪也越不会让人觉得油腻，能让人一餐食毕，回味无穷。

毕竟是中华料理

为了让肉入味而制作的熬煮汤汁，以及最后浇在肉上的调味酱汁，它们的基底都是黑醋和溜溜酱油。在中华料理中，这两种酱都被广泛使用，所以整道菜都洋溢着中华料理独有的味道，能让您体会到变成中餐大厨一般的感觉。

要在下油锅前再裹上薄薄的一层片栗粉！

在快要下油锅前，再裹上一层薄薄的片栗粉。如果裹得太早，肉中的水分会被片栗粉吸收，导致肉表面干巴巴的，口感也会变差。而且不能裹太多粉，最好是能达到像是没有裹粉直接炸一样的口感。

菜谱 **06**

白兰地腌煮肝

伍斯特辣酱油与白兰地的组合能够为您带来类似高档酒店菜品一般的上流风味。因为是利用余温将生肝煮熟的，也不用担心生肝变得干瘪难吃。

要点

**仔细观察受热情况
再进行白兰地腌渍**

如果炖煮生肝，就一定要注意不要让肝煮得过硬。要注意在最好的受热状态下加入伍斯特辣酱油和白兰地进行腌渍，利用余温将肝煮熟，这样就能既保证了口感，又能让肝充分入味。

朴实温和的口感
适合成年人品尝

材料（4～6人餐）

鸡肝…400～450克
水…1升
牛奶…适量
鸡精颗粒…1小瓶
芹菜叶或月桂…适量
伍斯特辣酱油…3大勺
白兰地…2大勺

做法

❶将鸡肝对半切开，放入水中，泡出血水。用手轻轻搅动水，就能让血排干净了。再用牛奶浸泡10分钟，再次用水冲洗，仔细拭去水分。

❷在锅中倒入水、鸡精，可以加入芹菜叶或者月桂炖煮步骤❶中处理好的鸡肝。水如果沸腾会产生浮沫，将浮沫撇除，将火调至略弱的中火，煮2分钟左右关火，放置，用余温加热鸡肝。

❸将步骤❷中的鸡肝放在篦子上除去表面的水。洒上伍斯特辣酱油，再浇上白兰地。

如何制作

菜谱 07

和牛黄油土佐牛肉

在您自己家也可以制作土佐牛肉。最好选用呈长方体、形状较好的块状牛肉，每一面都需要您认真仔细地进行煎制。

材料（1人餐）

牛肉（内侧腿肉）…350～400克
黄油…适量
冰水…能没过肉的分量
【腌渍酱料】
酱油…50克
酒…20克

做法：

❶将肉和【腌渍酱料】中的材料一起放入保鲜袋中，抽出空气放入冷藏库中放置1天。

❷用中火仔细烧烤肉的每一面，一边等待表面变色，一边用黄油浇在肉的表面。

❸将肉放入冰水中4～5分钟，使其冷却。

❹用锡纸将肉包裹好，放进冷藏库充分冷却后即可食用。

DATA

萩原精选肉店

地址／神奈川县镰仓市小町1-4-29
☎0467-22-1939
营业时间／9:30—18:00
休息时间／周日、法定节假日

菜谱 08

法式乡村风肉酱

熟成肉饼能够充分发挥肉的鲜美，而这道有着令人怀念的乡村风肉酱(Terrine)是主厨从意大利的朋友那边学到的手艺。肉馅的颗粒没有被完全搅碎，从而获得的恰到好处的口感和肉的美味都是这道菜的绝妙之处。

（如何制作）

材料（10人餐）

猪肩里脊肉肉馅…2千克
猪颈肉肉馅…1千克
香草（迷迭香、百里香、鼠尾草、月桂）…适量
猪内脏脂肪…根据锅的大小准备适量

Ⓐ
- 爆炒过的洋葱…2个洋葱，切碎爆炒
- 大蒜（切碎）…3克
- 鸡蛋…5个
- 白鸡肝…500克

Ⓑ
- 盐…48克
- 精制白砂糖…3克
- 胡椒（黑胡椒或白胡椒均可）…12克
- 四合香料…1克
- 普罗旺斯香料…4克

Ⓒ
- 生奶油…200毫升
- 干邑白兰地酒…60毫升
- 波特酒…60毫升

【配菜】
芥末酱…适量
酸菜（醋腌卷心菜）…适量
青菜的嫩叶…适量

做法.

❶在肉馅肉中加入Ⓐ中的炒洋葱、大蒜碎、鸡蛋、白鸡肝，搅拌均匀，注意不要有结块。
❷加入材料Ⓑ中的盐和各种调味料，充分搅拌。
❸加入材料Ⓒ中的生奶油和各种酒，继续搅拌。
❹注意要适当保留一些肉馅的颗粒。
❺将容器底部抹上内脏脂肪，将肉不断摔在上面，这样可以将肉里的空气排出，并让肉变得紧致。
❻用周围的内脏脂肪将肉盖好，中间按出一个凹陷，放上各种香草。
❼在肉上覆盖锡纸，盖好盖子，用150℃的烤箱烤2.5～3小时。
❽将烤好的肉酱放入保鲜袋抽出空气，以真空状态在冷藏库放置最少2周时间，搭配配菜，即可食用。

将肉酱冷藏放置
能令它的美味更加醇厚

将烤好的肉酱冷藏放置，就能品尝到熟成肉醇厚的美味和香味了。尝一口以绝妙的力道混合搅拌而成的肉酱，还能享受到肉馅那恰到好处的饱满口感。

菜谱 09

鸡肝肉酱

小池先生在京桥的人气店铺“东京balbali”打响了他“传说中的主厨”名号。他的意大利友人将这道意义非凡的鸡肉酱做法倾情传授于他，而今天，就让我们也来学习一下其中秘诀吧！

材料（10人餐）

洋葱…1个
鸡白肝（肥鸡肝）…500克
波特酒…350毫升
驴蹄草（用醋腌渍）…30克
粗糖（砂糖）…50克
黄油…150克
盐（完成时调味用）…适量

【配菜】

法棍面包…适量
羊栖菜…适量
腌黄瓜…适量

做法

❶将洋葱切片放入油锅中仔细翻炒至焦糖色。
❷将切成合适大小的鸡肝放入锅中，倒入波特酒。
❸开大火，使火焰蹿出，酒精蒸发。
❹待水咕嘟咕嘟烧开后，放入驴蹄草和粗糖。
❺开大火并仔细搅拌，使食材充分混合，就这样炖煮15～20分钟。
❻将混合物放入食品加工机中搅拌。
❼在搅拌途中放入凉的黄油，不断搅拌，直至锅内变为如图所示的顺滑状态。
❽放入冰箱冷藏室，令其凝固，再用勺子舀入碗中。在端上餐桌前轻轻撒上一些盐，还可以用法棍、羊栖菜或腌黄瓜进行装点。

没有任何腥臭味
只有美味四溢的一道美食

这是将鸡肝的美味与粗糖天然的甜味完美协调制成的上乘菜肴。当您咽下这没有任何腥臭味的鸡肝酱，就能感受到鸡肝特殊的风味和浓郁的口感在口中扩散。

我们的老师是

小池俊一郎先生

20多岁时，小池先生就在东京帝国酒店学习如何烹饪意式菜和法式菜。在那之后，他就任于东京数家意大利餐厅，磨炼自己的手艺。而从2005年开始，他在“东京Barbarie”担任主厨约10年。从2005年开始，他在“东京balbali”担任主厨约10年。最终小池先生于2014年在八丁堀开张了这家“Shungourmand”。

DATA

Shungourmand

地址／东京都中央区
新川2-3-7浪商大厦1层
☎03-6222-8464
营业时间／11:45—14:00
18:00—23:00
周六18:00—23:00
休息时间／周日、法定节假日

菜谱 10

烤猪肉

加入用大蒜和洋葱的腌渍酱汁浸润而成的猪肉，烧烤后鲜嫩多汁，浇上调味酱汁，使其外表变为诱人的焦色，一道特制烤猪肉便大功告成了。此时再加入中餐万能的调味料五香粉，让这份美味更加丰富。

材料（完成后的菜品约为600克）

猪里脊肉…600克

【腌渍酱料】
大蒜…1小瓣
洋葱…1个
酱油…2大勺
砂糖…1大勺
酒…1大勺
五香粉…1小勺

【调味酱料】
蜂蜜…2大勺
酱油…2大勺
酒…2大勺

使用工具

炖锅
搅拌器（也可以用过滤网）
章鱼线（一种粗棉线）
保鲜盒或碗

制作方法

❶将腌渍酱料的材料放入保鲜盒或者碗中混合，将酱料的口味制作得略重一些为好。将洋葱去茎、剥皮后切成大块，将大蒜用菜刀拍碎，去掉皮和芽。将这两种材料一起放入搅拌机搅碎或手动切成碎末。

❷将猪里脊肉用章鱼线绑好，调整定型后放入步骤❶制作好的腌渍酱料中。要将肉放在容器底部，放入冷藏室放置至少一晚，最好是放置两晚。

❸将腌渍好的肉上的洋葱等其他材料剔除后，在室温下放置约1小时。再将其放入烤箱中，以220℃的温度烘烤30分钟，不必用余热焖蒸。在这一步骤完成后，把制作调味酱料的材料放入锅中加热。将肉从烤箱中取出，刷上调味酱料后，再放入烤箱中烤5分钟。

❹将肉从烤箱中取出，移至托盘中使其冷却。

要点

水煮肉的做法

如果将烧烤用的调味酱汁放入水中稀释煮沸，做出的就不是烤猪肉而是水煮猪肉了。制作中既没有用到油，肉中的脂肪也经过水煮而析出，这样制作而成的水煮肉卡路里很低。如果您想要制作这种水煮肉，推荐使用大号的蒸锅。

菜谱 **11**

香辣炸肉串

“炸肉串”听起来像是日本传统的吃法，但其实是一道使用了孜然、辣椒等香料的西班牙菜。对炸肉串来说，由蜂蜜制成的酱汁是必不可少的！

材料（2人餐）

【肉串】
猪肉碎肉…200克
鸡肉碎肉…20克
翻炒过的洋葱…10克
生姜末…1克
盐…2克
孜然…少许
辣椒粉…少许
胡椒…少许
打散的鸡蛋…10克

【酱汁】
蜂蜜…90克
孜然…1克
大蒜…少许
辣椒粉…少许
白酒…10毫升
盐…适量
胡椒…适量
※注：所使用的调味料都是粉末状的

做法

将【肉串】中准备的材料混合后放入保鲜膜等工具中捏成棒状。然后放入油锅中煎炸。煎一段时间后，盖上盖子蒸至其完全熟透。

将【酱汁】中准备的材料混合，均匀涂抹在肉串上，再次煎炸，待至蜂蜜稍稍焦黄，肉串显出诱人的“光泽”时即为大功告成。

满满的
民族风味
是其特色

DATA

Pont du Gard

东京都中央区银座 1-27-7
银座里村大厦 1层
☎ 03-3564-0081
营业时间 / 17:30—第二天 1:00
周六、周日、法定节假日
16:00—23:00
休息时间 / 全年无休

菜谱 12

鸡颈肉甜椒铁板烧（Plancha）

“Plancha”是一种起源于西班牙加泰罗尼亚地区的铁板烧料理。经过香料入味的鸡颈肉与甜椒的完美结合，让这道菜有了满满的民族风味。

材料（两人餐）

鸡颈肉…100克（也可使用鸡腿肉）
甜椒…1根（也可使用青椒）
罗勒…适量
花椒…少许
炒过的洋葱…适量

【香料】
蒜泥…少许
牛至…少许
辣椒粉…少许
大蒜…少许

【酱汁】
蚝油…20克
酱油…5克
甜料酒…5克

做法

将鸡颈肉放入香料中腌渍1小时左右入味。将甜椒放入锅中煸炒，当其表面变得酥脆时，放入鸡颈肉翻炒。之后再放入新鲜的罗勒继续翻炒。最后，一边在鸡肉上涂抹酱汁，一边翻面煎炸即可出锅。
炸洋葱和花椒的用量可根据您的个人喜好进行调整。

菜谱 13

熏制风味牛舌

有着独特口感和美味、深受喜爱的牛舌肉。将它直接煎熟食用自然是无比的美味，但是通过简单的熏制，能让它的味道更加诱人。

材料（2人餐）

牛舌肉…1千克
橄榄油…适量

【天然防腐液】

盐…45克
水…500克
三温糖…10克
黑胡椒…10粒
洋葱…1个
胡萝卜…1根
芹菜…1根
大蒜…2个
芹菜茎或百里香…2～3根

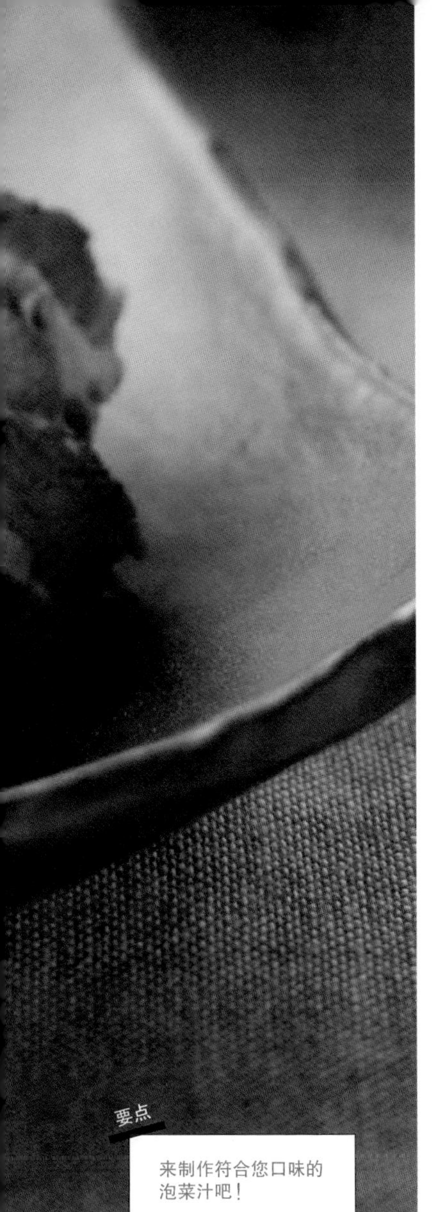

要点

来制作符合您口味的泡菜汁吧！

除了水、盐、酱油、糖，您还可以添加您喜欢的香草和调料。将各种蔬菜放入泡菜汁中制作泡菜。
这种自制的泡菜汁比起简单的天然防腐液味道更加丰富且有自己的特色。制作一份符合您口味的泡菜汁，在制作烟熏肉时它也能派得上用场。

（如何制作）

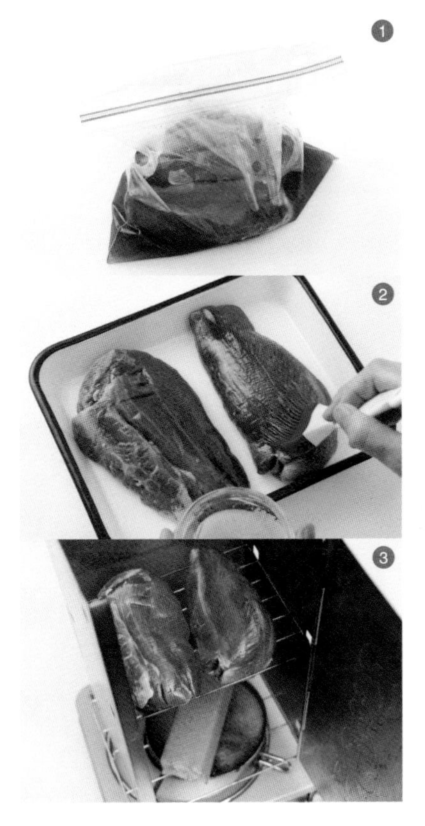

做法

❶将牛舌切成两半，装入食品级保鲜袋中，用天然防腐液腌渍10小时。当您腌渍时，如果使用食品保鲜袋或者塑料袋会更加方便入味。

❷将步骤❶中的牛舌放入碗中，用流水漂洗浸泡1小时30分钟，去除盐分。用纸巾将牛舌表面的水分吸去，放在平盘上，在其表面轻轻刷上一层橄榄油。橄榄油可以帮助保持食材的美味，还能为其增添诱人色泽。

❸将步骤❷中制作的牛舌放在烟熏肉机器上，将温度设定为50℃～60℃，熏制2小时。在熏1小时后要记得翻一次面。搭配泡菜食用。

DATA

TOKYO COWBOY

地址 / 东京都世田谷区 上用贺1-10-16

☎ 03-6805-6933

营业时间 / 10:00—18:00

休息时间 / 周三

http://www.tokyocowboy

菜谱 11

和风烤牛肉三明治

“TOKYO COWBOY”制作的烤牛肉三明治都是日式风格的。为了能让人充分品味到和牛那细微丰富的美味，这道三明治也做成了符合日本人口味的细腻的味道。

材料（2人餐）

牛肉（后臀肉）…适量（1人餐约需80克）
岩盐…适量
紫苏叶…3片

黄油…适量
奶油奶酪…适量
面包…适量

【酱汁】
将以下材料混合
酱油…2小勺
蜂蜜…1小勺
芥末…根据喜好加入

要点

坚持日式风格
个性鲜明的一道美味

烤牛肉三明治并非罕见的菜单，不过这道以日本的食材和调料制作的三明治坚持了日式风格，凝聚在这盘菜中的坚持以及原创性令人不禁想要将其学以致用。

如何制作

做法

❶在肉上撒上岩盐，令其入味。

❷将黄油放入油锅中融化，再放入牛肉，煎至变色。

❸将牛肉放入85℃的烤箱中炙烤30分钟，然后再将温度调节为60℃烤30分钟，之后再用58℃的温度烤1小时。

❹在面包上涂抹黄油和奶油奶酪，再放上烤肉、浇上酱汁，最后再放上几片紫苏叶装点即为完成。

图书在版编目(CIP)数据

肉料理 / 日本EI出版社编辑部编著；周莉荀译. — 武汉：华中科技大学出版社，2021.11
（饮食手帐）
ISBN 978-7-5680-7447-6

Ⅰ.①肉… Ⅱ.①日… ②周… Ⅲ.①肉类－菜谱 Ⅳ.①TS972.125

中国版本图书馆CIP数据核字（2021）第211565号

肉料理
Rouliaoli

［日］EI出版社编辑部 编著
周莉荀　译

出版发行：华中科技大学出版社（中国·武汉）　电话：(027) 81321913
华中科技大学出版社有限责任公司艺术分公司　(010) 67326910-6023
出 版 人：阮海洪

责任编辑：莽　昱　谭晰月
责任监印：赵　月　郑红红　封面设计：邱　宏

制　作：北京博逸文化传播有限公司
印　刷：北京金彩印刷有限公司
开　本：889mm × 1270mm　1/32
印　张：6
字　数：72千字
版　次：2021年11月第1版第1次印刷
定　价：79.80元